KB124871

팩트로 깨부수는 가짜 과학 88

그래서 과학이 필요한 거죠

팩트로 깨부수는 가짜 과학 88
그래서 과학이 필요한 거죠

초판 1쇄 펴낸날 | 2022년 12월 16일

지은이 | 큐리오
옮긴이 | 장한라
펴낸이 | 홍지연

편집 | 홍소연 고영완 전희선 조어진 서경민
디자인 | 전나리 박태연 박해연
마케팅 | 강점원 최은 신종연
경영지원 | 정상희 곽해림

펴낸곳 | (주)우리학교
출판등록 | 제313-2009-26호(2009년 1월 5일)
주소 | 03992 서울시 마포구 동교로23길 32 2층
전화 | 02-6012-6094
팩스 | 02-6012-6092
홈페이지 | www.woorischool.co.kr
이메일 | woorischool@naver.com

ISBN 979-11-6755-070-5 43400

• 책값은 뒤표지에 적혀 있습니다.
• 잘못된 책은 구입한 곳에서 바꾸어 드립니다.

만든 사람들
편집 | 김지현(KIM JIHYOUN)
디자인 | 스튜디오 헤이,덕

팩트로 깨부수는 가짜 과학 88

그래서 과학이 필요한 거죠

큐리오(CURIEUX!) 지음

장한라 옮김

우리학교

목차

수학 & 물리학

음식

뇌과학

생물다양성

우주

프롤로그

여자는 수학을 못하는 게 증명됐어. 거미나 상어는 사람을 물고, 나무를 심는 건 온난화에 맞서는 일이야! 사람들의 머릿속에는 가짜뉴스와 선입견이 가득 들어차 있습니다. 그런 얘기를 믿을 수도 있겠죠. 솔직히 고백하자면, 이 책을 쓴 플로랑스 앵뷔제Florence Heimburger, 알렉상드르 마사Alexandre Marsat, 알렉상드린 시바르-라시네Alexandrine Civard-Racinais 그리고 클레망스 구이Clémence Gouy 역시 이 책을 만들기 전까지는 일부 믿었을지도 모릅니다. 가짜뉴스, 특히 잘못된 과학 지식이 지천에 널려 있으니까요. 저마다 나름의 이론을 내세워 더욱 그럴싸하게 만들고, 개인적인 경험을 덧붙여 사실이라고 주장합니다. 문제는 그게 대부분 틀린 얘기라는 겁니다.

사실과 진실만을 근거로 삼아, 또 과학적으로 합의된 주장을 배경으로, 88가지 가짜뉴스를 하나하나 해체해 보았습니다. 안타깝게도 가짜뉴스는 이보다 훨씬 더 많습니다. 그래서 우리에게 매우 중요하고, 사회 속에 가장 만연하고, 더러는 가장 위험한 주제만을 선별해 다루기로 했습니다. 과학적인 근거를 등한시하고 선입견에 안주하는 것은 결코 사소한 문제가 아닙니다. 누구나 비판적인 사고를 길러 내고 가짜뉴스를 무찌를 수 있습니다.

그게 바로 '궁금해!'Curieux.live하는 우리의 사명이니까요. 큐리오Curieux!는 공식 웹사이트와 소셜 미디어에 싣는 기사, 만화, 동영상 등을 통해 가짜뉴스와 잘못된 정보, 선입견에 맞서는 논쟁에 매일같이 참여합니다. 이 책의 목표는 개인이 지닌 신념에 대한 가치 판단이나 선입견 없이, 가볍고 유머러스하고 때로는 삐딱하게 접근하며, 변함없이 진지한 태도로 성찰과 논의를 촉발하는 것입니다. 그러니 여러분의 호기심을 날카롭게 벼리세요!

큐리오(Curieux!) 편집장, 알렉상드르 마사

건강

1

대머리는 운명이라고?

머리카락은 평균 10~12만 개 정도이며
매일 50~80가닥씩 빠집니다.
머리는 어떻게 해야 지킬 수 있는 것이고
새치는 왜 생겨나며
어째서 여자들도 탈모증에 걸리는 걸까요?

영양소 부족과 탈모

다이어트 식단이나 채식을 먹거나, 커피나 차를 과도하게 마실 경우, 머리카락이 빠질 수 있습니다. 머리카락의 주성분인 케라틴을 만드는 데 필수인 단백질, 아연, 황이 부족해지기 때문이지요. 또 아미노산(시스테인과 메티오닌)과 미량 원소(시스틴), 비타민 B와 철분 부족을 유발해 모근이 약해집니다. 그렇지만 안심하세요. 식품을 통해서 부족한 것을 보충하거나(가금류, 생선, 달걀, 아연이 풍부한 굴, 비타민 B가 풍부한 맥주 효모와 곡물 등) 건강 보조 식품을 섭취하면 머리카락의 수명 주기인 3개월이 지난 뒤에는 대부분 개선됩니다.
나아가 잦은 염색, (스트레이트) 파마, 포니테일, 쪽지거나 세게 땋은 머리 그리고 드라이기 사용은 탈모를 촉진하니 자제하는 게 좋겠지요.

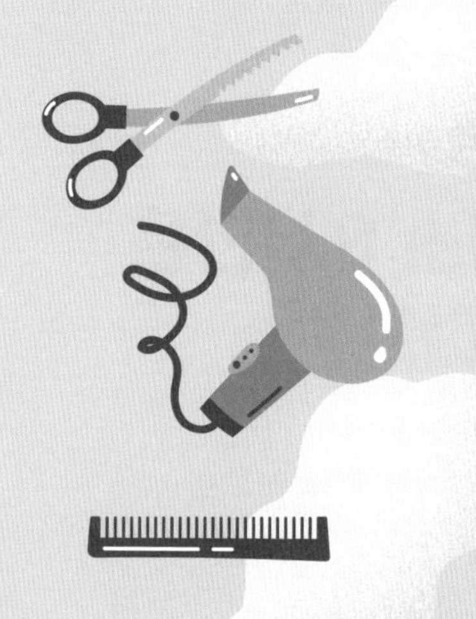

탈모증은 남자들만의 문제가 아니다

여자들도 대머리가 될 수 있습니다! 계절이 바뀔 때 불가피하게 머리카락이 빠지는 것 외에도, 여성 네 명 가운데 세 명은 언제가 되든 심각한 탈모를 겪습니다. 원인은 스트레스, 철분 부족(빈혈), 호르몬 불균형(출산, 피임약 변경, 갑상선 질환, 완경 등), 심리적 충격, 질병 등입니다. 여러분이 이런 상황에 처해 있다면 피부과 의사와 상담해 보세요.

흰머리는 유전이다

금발이나, 흑발이나, 갈색이든, 붉은 머리든, 시간이 흐를수록 우리 머리카락은 흰머리로 변해 갑니다. 흰머리가 나는 것은 평균 40세 무렵부터지만, 유전에 따라 더 일찍 생겨날 수도 있습니다. 이 점은 확실히 증명되었습니다. 2016년 런던 대학교 연구팀은 IRF4라는 명칭이 붙은 유전자의 변이(대립 유전자)가 흰머리에 영향을 준다는 사실을 발견했습니다.

이 유전자는 주로 코카서스 인종에게서 발견되며, 새치가 생겨나는 평균 연령은 35세 전후입니다. 아시아인과 아프리카인이 40대에 접어들며 나타나는 것과는 조금 다르지요. 머리카락의 색을 내는 것은 멜라닌입니다. 40세 이후부터 멜라닌 세포는 10년마다 10~20퍼센트씩 감소하지만, 유전이나 스트레스, 담배, 강한 햇빛에 노출되는 등의 요인 역시 부정적인 영향을 끼칩니다. 이 문제를 억누를 만한 해결책이 있을까요? 염색만이 유일합니다.

플로랑스 앵뷔제

2

건강하려면 최소 8시간은 자야 한다고?

매일 밤 4시간만 자도 생기 넘치는 친구와
10시간씩 자지 않으면 안색이 칙칙한
친구 사이에서, 과연 잠에도 적절한 '용량'이 있는지
따져볼 수 있을까요?

수면 시간은 개인차가 있다

생리학적으로 봤을 때 보통 사람들은 매일 7시간 반~8시간 수면을 취해야 하지만, 각자에게 필요한 수면의 양은 개인마다 큰 차이가 있다고 잠 연구가이자 수면 장애[1] 전문가 크리스토프 쉬로Christophe Sureau가 말합니다. 그래서 유전적으로 특수한 자질을 갖추고 있을지 모를 '잠을 조금만 자는 사람들'은 하루에 7시간 미만을 자도 충분히 만족하며 아주 잘 지내지요.

1) 수면은 렘 수면부터 입면기(1단계 비렘수면), 경수면기(2단계 비렘수면), 심수면기(3단계 비렘수면)로 이뤄져 있다. 밤이 되면 심수면기는 줄어들고, 경수면기가 늘어난다.

음, 얘야…

하루 종일 잘 계획이니?
복습은 언제 하고?

지금 지리 공부하고
있는 거 안 보여요?

노년층은 잠자는 시간이 줄어든다

또 얼마나 잠을 자야 하는가는 나이가 들면서 달라집니다. 70세 이상은 하루 중 평균 7시간을 넘지 않습니다(신생아가 하루에 16~18시간을 자는 것과는 정반대지요). 수면 시간이 줄어드는 것은 50대에 접어들면서 깊은 잠이 줄어드는 현상과 관계있습니다. 양질의 수면을 돕는 것을 목표로 하는 국립 수면 및 불면 연구소(INVS)[2]에 따르면, 보다 가벼운 잠을 많이 자고, 더 자주 일어난다는 의미로 볼 수 있다고 합니다.

수면의 질도 따져봐야 한다

리옹 신경과학 연구소의 수면 신경계 병태생리학 연구팀 책임자 피에르-에르베 뤼피Pierre-Hervé Luppi는 수면의 질이 저마다 다른 이상, "환경, 위생 그리고 생활 리듬이 잠을 자는 능력과 밤에 자는 동안 회복하는 능력에 영향을 끼친다."라며 밝히고 있습니다.[3]

질 좋은 수면을 취하는 것은 건강에 꼭 필요합니다. 수면의 양이나 질이 충분치 못하면 과민함, 의기소침, 체중 증가, 고혈압, 감염 위험이 높아진다는 사실을 수많은 연구가 입증했지요. "이런 자료들은 일반적으로들 인정하는, 피곤한 사람이 질병에 걸릴 위험이 높아진다는 생각을 한층 더 뒷받침합니다." 그러니 이 말은 적어도 과학적 근거가 있는 고정관념이라고 할 수 있겠네요.

알렉상드린 시바르-라시네

---

2) institut-sommeil-vigilance.org

3) www.inserm.fr/information-en-sante/dossiers-information/sommeil

3

내가 쓰는 화장품에 미세 플라스틱이 들어 있다고?

지금 당장 수분 크림을 살펴보세요. 대다수의 화장품은 미세 플라스틱을 함유하고 있습니다. 게다가 이 미세 플라스틱은 의도적으로 첨가된 것입니다.

미세 플라스틱은 어디에나 있다!

매년 미용 제품에 1,250~1,910톤가량의 미세 플라스틱이 들어갑니다.[4] 얼굴과 몸에 쓰는 각질 제거제, 치약, 샴푸, 면도 크림, 매니큐어, 선크림, 심지어는 데오드란트에도요! 여기에 첨가된 미세 플라스틱은 각질 제거나 세정을 돕는 매개체로 쓰입니다. 또 제품의 점도와 외관, 안정성을 조절하는 역할도 합니다.

이런 미세한 플라스틱 입자(5밀리미터 이하)는 우리가 모르는 사이에 자연으로 흘러들어 갑니다. 유럽 서프라이더(Surfrider) 재단의 해양 쓰레기 전문가 크리스티나 바로Cristina Bareau는 "이처럼 간과되고 있는 오염은 눈에 보이지 않는 경우가 많기 때문"이라고 합니다.

---

4) 유럽 화학 물질청, 2017. 10.

얼굴과 머리를 씻으면 토양과 바다가 오염된다

유럽 화학 물질청(ECHA)에 따르면, 제품에 의도적으로 미세 플라스틱을 첨가하면 물질이 토양에 축적되기 쉽다고 보고합니다. 비료로 곧잘 쓰이는 정제 폐기물에 응축된 입자를 통해 말이지요. 아주 조금의 미세 플라스틱이라도 강이나 호수, 바다에 직접 버려질 경우, 먹이 사슬 전체에서 나타납니다.

유럽 전체에서 금지하고 나서야

2018년 1월 1일부터 프랑스는 각질 제거나 세정 목적으로 씻어 내는 고체 플라스틱 입자를 함유한 미용 제품을 금지했습니다. "그러나 기업들이 헹궈 내지 않는 다른 유형의 제품에 미세 플라스틱을 계속 사용하는 것은 막지 못하며, 시중에 나와 있는 미세 플라스틱 함유 제품을 전부 통제하기란 어렵다."라고 바로는 말합니다.

ECHA는 미용 제품뿐만 아니라 스킨케어 제품과 세제, 청소 제품에서도 미세 플라스틱 사용을 금지하는 법안을 옹호하는 주장을 발표했습니다. 유럽 전체의 금지 조치가 이뤄질지는 지켜봐야 합니다.

알렉상드린 시바르-라시네

스캔들
치명적인
아름다움
새로운 제형
250mL
각질 제거
마스크
끝내주는 눈빛

고기와 초콜릿을 멀리하면 여드름이 안 난다고?

퀴즈! 세상에서 가장 많이 발생하는 피부 질환입니다.
얼굴에 생겨나는 걸 좋아하죠.
청소년기에 만날까 봐 두려운 대상이고요.
바로… 여드름입니다!

피부과를 찾는 주된 이유인 여드름은 체모가 돋아나는 구멍인 모낭에서 생겨나는 염증성 질환입니다. 피지선에서 피지를 과도하게 만들어 내면 모공이 막히고, 바로 그 자리에 블랙헤드나 화이트헤드, 심지어 아주 보기 흉한 붉은 여드름(구진, 농포, 결절)이 생겨납니다.

여드름은 청소년에게만 생겨나는 것이 아니다

심각한 여드름은 대부분 청소년에게 생겨나기는 하나, 어린이와 성인도 예외는 아닙니다. 대부분 믿는 것과는 달리, 여드름이 처음 나타나는 시기는 사춘기가 아니지요. 6~10세 사이에 부신에서는 성 호르몬을 합성하기 시작하는데요. 이는 피지선의 활동을 촉진시킵니다. 또 아기에게 여드름이 생기는 경우도 있습니다. 배아가 발달하는 동안 호르몬을 흡수한 것과 관련이 있을 수 있습니다. 성인의 25퍼센트도 여드름이 나며, 주로 여성입니다.

초콜릿은 여드름을 유발한다

육가공품이나 초콜릿을 피하면 여드름이 생겨나는 것을 억제할 수 있다는 이 사고방식은 전혀 근거가 없습니다. 프랑스 피부과 의사 협회가 만든 웹사이트 'dermato-Info.fr'의 편집 위원 마리-엘렌 쥬구-페누이Marie-Hélène Jegou-Penouil는 말합니다. "여드름이 생겨나는 데 식생활이 끼치는 영향을 입증한 제대로 된 과학적 연구는 하나도 없습니다. 이탈리아 어느 연구팀은 과일, 채소, 생선 섭취가 부족할 경우 여드름이 더 많이 생겨난다고 주장하기도 합니다. 하지만 여드름과 초콜릿, 우유, 당분 사이의 관계는 여전히 논의 중이지요."

햇볕을 쬐면 여드름이 낫는다

또 다른 선입견도 있습니다. 바로 햇빛에 노출되면 여드름 치료에 도움이 된다는 루머입니다. 이는 잘못되었을 뿐만 아니라 위험할 수도 있습니다. 물론 초기에는 햇볕을 쬐면 감염된 상처 부위를 건조시킬 수 있습니다. 그렇지만 이 효과는 오래가지 않습니다!

쥬구-페누이는 "햇빛은 사실 피부를 두껍게 만드는 부작용이 있어, 폐쇄 면포(화이트헤드)를 악화시킵니다. 태양에 노출되고 나면 여드름이 다시 돋아나고 심해질 겁니다."라고 경고합니다. 그러니 태양을 피하는 편이 낫겠죠. 또 실력 있는 피부과 의사를 찾아가는 게 좋겠습니다. 용기를 내세요. 치료할 수 있을 거예요!

알렉상드린 시바르-라시네

아크네아
건강한 피부를
되찾으세요!
홍조 / 여드름 / 부기 감소
ACNEA

5

하얀 피부보다 그을린 피부가 더 건강하다고?

태닝한 피부는 건강미 넘치는 몸매를 잘 드러내 줍니다.
자연이 만들어 낸 아름다움, 건강미는 아름답다고 여겨집니다.
하지만 피부 건강에는 어떨까요?

요즘 유럽인들은 지나치게 하얀 피부는 아름답지 않다고 여기는 것 같습니다. 반대로 그을린 피부는 완벽하지 못한 부분들을 감추며, 기운 넘치는 인상을 준다고 생각하죠. 최근의 이런 인식들은 꽤나 위험하기도 한 선입견을 감추고 있습니다. 특히 건강이라는 관점에서 볼 때, 하얀 피부는 피곤함의 상징, 갈색으로 태운 피부는 건강미의 상징이라는 생각은 어리석지요.
초여름부터 피부가 그을릴 때까지 햇빛 아래서 몇 시간을 보냈는데, 햇빛에 고작 30분 노출되었던 내 동료는 피부가 훨씬 더 잘 탔다고요? 아쉽지만 그건 각각의 피부 민감도에 따라 다릅니다. 피부의 민감도는 0~6단계로 나뉩니다. 이 분류는 머리카락의 색, 피부색, 햇빛에 그을렸을 때의 피부 색, 햇빛에 자주 노출되는지 아닌지에 따라 정해 둔 겁니다.

적어도 난 주름 개선
크림에 돈을 쏟아부을 일은
없을 거야…
50+

너무나도 다양한 피부

피부 민감도 0단계는 알비노의 경우에 해당합니다. 피부가 색을 띠게 만드는 멜라닌을 합성하지 못하는 사람들입니다. 1단계는 머리가 적갈색이며 피부는 유백색이라고 할 만큼 아주 하얀 사람들입니다. 굳이 강조할 것도 없겠지만, 이런 사람들은 햇빛을 받으면 위험한 열사병에 걸리게 마련입니다. 프랑스에 많은 3단계는, 머리카락이 갈색이거나 금색이며 피부는 구릿빛이고 열사병에 걸릴 수도 있습니다. 지중해 지역 사람들은 5단계에 해당하며, 머리카락이 짙은 갈색이고 피부는 빠르게 그을립니다. 한마디로 프랑스 사람들이 가장 부러워하고 시샘하는 피부죠. 아프리카, 카리브해 지역은 6단계에 해당합니다. 그렇다면 열사병에 걸릴 위험은 없을까요? 꼭 그렇지만도 않습니다. 물론 멜라닌 수치가 높아 피부가 태양에 더 잘 맞서기는 하나, 위험을 피할 수 있는 것은 아닙니다. 가장 강력한 광선은 피부 장벽을 뚫기 때문이지요.

피부 민감도가 낮은 사람들이 예민하게 반응하긴 하지만, 자외선은 누구든 가리지 않고 공격합니다.

태양은 가짜 친구

따라서 태양은 우리의 진정한 친구가 될 수 없습니다. 몸을 보호하지 않고 태양 광선에 너무 오랫동안 노출되면 순식간에 해로운 영향을 입고 말지요. 피부 민감도가 가장 낮은 사람들이 제일 예민하게 반응하긴 하지만, 자외선은 누구든 가리지 않고 공격합니다. 일시적으로는 일사병에 걸려 구토, 현기증, 그 밖의 두통 등에 시달리고, 심해지면 피부에 화상을 입기도 합니다. 자외선에 지나치게 반복적으로 노출될 경우 피부가 약해질 수 있고요. 너무 젊은 나이에 피부에 주름이 생기거나 반점이 생기는 것이 대표적인 사례입니다. 피부를 충분히 보호하지 않은 채 햇빛에 너무 자주 노출되면 암으로 발전할 가능성이 높은 손상을 입을 수 있습니다(암종, 흑색종, 광선각화증). 태닝이 유행하기 전, 최소 두 세기 전으로 돌아간다면 이야기가 조금 다르겠지요?

알렉상드르 마사

6

전자레인지는 건강에 해롭다고?

**프랑스인 중 90퍼센트 가까이 쓰며[5)]
약 2,450MHz인 적외선과 라디오 사이의 주파수
초고주파를 내보내고, 음식의 물 분자를 진동시키고,
냉동식품도 빠르게 데워 줍니다.**

전자기파는 식품의 분자 구조에 따라 다르게 확산됩니다. 따라서 접시 위에 서로 이질적인 음식들이 담겨 있다면, 다시 가열할 때 제각각 다르게 데워집니다. 어떤 부분은 차갑고, 어떤 부분은 아주 뜨거워지는 경우가 종종 있지요. 더구나 프랑스 식품 환경 노동 위생 안전청(ANSES)에서는 전자레인지로 젖병을 데우지 말 것을 강력히 권고합니다. 불편한 점은 또 있습니다. 과열된 부분에서는 비타민C와 비타민B9(엽산)처럼 열에 민감한 영양소가 파괴됩니다. 하지만 음식을 빠르게 가열하며 비타민에 해로운 열로부터 짧게 노출시킨다는 장점도 있어요. 게다가 조리할 때 물을 아주 적게 넣기 때문에, 물로 인해 비타민과 미네랄이 빠져나가지 않습니다. 또 오븐, 바비큐, 팬, 튀김 조리법과는 달리, 마이야르(Maillard) 반응[6)] 때문에 생겨나는 물질이 제한되고요. 이런 물질들은 향은 그럴싸하지만, 특정 암이나 당뇨병을 유발할 가능성이 높습니다.

---

5) '가전제품, 1996-2016', EPCV와 SRCV 설문조사, 국립 경제 통계 연구소 조사 발표, 2017.10.

6) 조리 과정이나 주변 온도 때문에 아미노산 단백질과 환원당(포도당, 과당, 유당 등)이 응축했을 때 거의 모든 식품에서 발생하는 화학 반응. 이 유기 반응은 향을 내고, 음식을 갈색으로 그을리며, 발암물질을 만들 수 있다.

알루미늄이나 특정 플라스틱은 절대로 안 돼!

전자레인지에는 금속도, 스테인리스도, 알루미늄도 넣어서는 안 됩니다! 이 물질들은 아크 방전을 일으켜 기계를 손상시킵니다. 토기 재질 접시도 사용을 자제해야 합니다. 접시가 파장을 흡수해서 데우는 데 시간이 더 걸리기 때문입니다. 그렇다고 해서 압도적인 지지를 받는 아무 플라스틱 용기나 넣으면 안 됩니다! 특정 플라스틱 용기는 열을 받으면 형태가 변하거나 녹습니다. 프랑스 ANSES에서는 그릇 뒷면에 '전자레인지 사용 가능' 표시가 있으며 그릇의 상태가 괜찮은지를 항상 확인하도록 권합니다. 식품 포장지에 2 또는 5 코드가 기입되어 있을 때만 전자레인지 조리가 가능합니다. 컵, 찻잔, 접시 등에 쓰이는 멜라민과 비닐 랩은 절대 금물이고요. 자력에 영향을 받지 않는 내열 유리 제품 위주로 사용하세요.

플라스틱이 음식에 옮겨가지 않도록 주의해야!

전자레인지에서 너무 강하게 데울 경우, 플라스틱 포장재 물질(프탈레이트, 비스페놀A 등)이 음식으로 옮겨 갈 위험이 커집니다. 특히 기름진 음식이라면 말이죠. 이런 이유로 ANSES에서는 "가급적이면 오랫동안, 강도를 약하게 해서 데울 것."을 권합니다.

정리하자면, 전자레인지는 건강에 해롭지 않습니다. 다만 올바르게 사용해야 안전합니다.

플로랑스 앵뷔제

7

달걀 노른자는 콜레스테롤 덩어리라고?

달걀에 콜레스테롤이 많긴 하지만 걱정하지 마세요.
건강에 이로운 점이 많으니까요.
그러니 이제는 달걀의 명예를 회복할 때입니다!

달걀은 오랫동안 나쁜 평판에 시달렸습니다. 콜레스테롤이 많아[7] 콜레스테롤 과다를 유발하며, 심혈관계 질환의 빌미를 제공한다고 의심을 받았거든요. 그렇지만 1999년에 의학 저널 〈*JAMA*〉에 발표된 한 연구[8]는 달걀 섭취와 심혈관계 질병 위험 사이에서 그 어떤 관계도 찾아볼 수 없었다고 강조합니다.

건강에 위험을 끼치지 않아!

2013년 3백만 명 이상을 대상으로 한 16개 연구를 다룬 메타 분석 결과에서, 달걀 섭취와 심혈관계 질환 사이에는 아무런 관계가 없다는 점을 재확인했습니다. 영국 킹스 대학교 식품영양학 명예교수인 톰 샌더스Tom Sanders는 이 주제[9]에 관해 차고 넘치는 과학 논문을 보는 일이 머리 아플 지경이라고 합니다. 그러니 핵심만 기억해 둡시다. 제2형 당뇨병에 걸리지 않은 한, "달걀을 적당히(1주일에 3~4개) 먹으면 해롭지 않으며, 영양분을 요긴하게 섭취할 수 있습니다."

---

7) theconversation.com/video-cholesterol-demeler-le-vrai-du-faux-117522
8) jamanetwork.com/journals/jama/fullarticle/189529
9) theconversation.com/les-oeufs-bons-ou-mauvais-pour-la-sante-114250

단백질을 제공하는 달걀

실제로 60그램짜리(껍데기 제외) 달걀 하나에는 작은 아미노산이 연결된 긴 사슬 구조의 단백질이 6.4~7그램 들어 있습니다. 주로 달걀 흰자에 있는 이 단백질은 우리 몸의 근육과 조직, 장기 기관을 구성하고 유지하는 역할을 합니다. 그러니 달걀 흰자를 먹지 않는다거나, 달걀 노른자만 사용하는 키쉬나 케이크를 만들면서 흰자를 버린다면 더더욱 안타까운 것입니다!

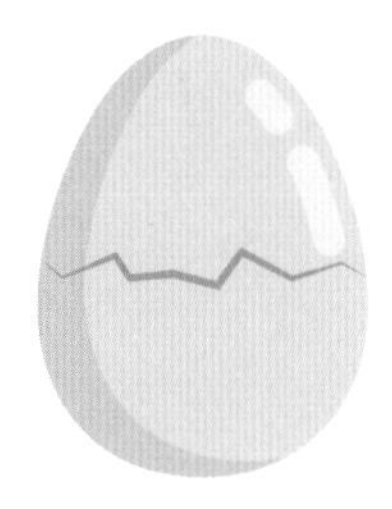

다양한 식단을 통해 달걀을 섭취하자

따라서 달걀은 여러모로 건강에 좋습니다. 여느 식품과 마찬가지로 적으로 몰아세우거나 맹목적으로 찬양하지 말고, '3V-BLS'[10] 법칙을 바탕으로 식생활을 합시다. 되도록 유기농, 지역 농산물, 제철 식품을 고르고 채소, 신선식품, 다양한 식품을 먹는 것이지요. 물론 먹는 즐거움도 놓치지 말자고요!

알렉상드린 시바르-라시네

10) theconversation.com/alimentation-protegez-votre-sante-et-la-planete-grace-a-la-regle-des-3v-117033

8

유기농법은 식량 생산량이 적다고?

작물 보호제는 농작물을 보호하고 농민의 수입을 지켜 줍니다. 적어도 제조업체와 일부 농민들의 주장은 그렇습니다. 과연 사실일까요?

쉬제Chizé 생물학 연구 센터 조사팀은 '플렌 에 발-드-세브르Plaine et Val-de-Sèvre'[11]라는 광활한 곡창 지대의 농민들과 긴밀히 협력하며 여러 해 동안 경험적인 조사를 해 왔습니다.

제초제 사용과 밀 생산량, 상관관계 없어

연구팀 책임자인 환경학자 뱅상 브르타뇰Vincent Bretagnolle은 "제초제 사용과 밀 생산량 증대 사이에는 상관관계가 없으며, 유채 생산량도 마찬가지다. 해롭다고 여겨지는 잡초의 양과 농작물 생산량 사이에도 역시나 아무런 관계가 없다."라며 이 사실을 놀라워합니다.

11) 쉬제 CNRS팀은 1994년부터 주변 450km²에 펼쳐져 있는 이 지역을 연구해 왔다. 약 450개의 경작지와 13,000개의 농지가 있으며, 전통 및 친환경 방식에 따라 경작하고 있다. www.za.plainevalsevre.cnrs.fr

이런 결과를 확실히 뒷받침하고자, 연구자들은 뒤이은 실험을 통해 제초제와 질소 비료 사용량을 30~50퍼센트 줄여도 밀 생산량에는 아무런 변동이 없다는 사실을 입증했습니다. "사용하는 작물 보호제의 양을 절반이나 거의 전부까지 줄이더라도 생산량을 동일하게 유지할 수 있다."라고 연구팀은 설명합니다.

살충제를 줄여도 수확량은 줄지 않아

연구팀은 "그 결과, 농민들의 수익이 상당히 증가했다."라고 밝힙니다. 작물 보호제를 구입하는 비용에다 이를 살포할 때 필요한 경유 사용량까지 줄어들기 때문입니다. 이를 통해 얻는 이익은 무시할 수 없습니다. "일부 농민에게는 헥타르(1만 제곱미터)당 200유로(25만 원 이상)에 달하기 때문입니다. 이후 밀과 유채, 옥수수, 해바라기를 대상으로 5년에 걸쳐 보다 장기적인 연구를 진행해 결과를 입증했지요."

패러다임을 전환해야

따라서 살충제가 농민들의 수확량과 수입을 증대시킨다는 주장은 거짓입니다. 브르타뇰은 "틀에 박힌 생각에서 벗어나 다른 방식을 실천해야 한다."라고 강조합니다. "충분히 실현 가능합니다! 유기농법을 따르는 농업인들이 바로 산증인이지요. 전 세계적으로도 유기 농업 수입이 전통적인 농사를 짓는 경우보다 더 높습니다. 대규모 경작지에서도 말이죠." 또 경작지 근방에서 살아가는 주민과 동물의 건강과 생태계에 이로운 영향을 끼친다는 사실도 무시할 수 없습니다.

알렉상드린 시바르-라시네

9

지방과 셀룰라이트는 다르다고?

광고에 등장하는 셀룰라이트는 선입견이 따라붙는 경우가 많습니다. 지방을 타파하기에 앞서 선입견부터 무찌르는 것이 어떨까요?

셀룰라이트는 여자들만의 문제다

비율은 적지만 남자들에게도 셀룰라이트가 있습니다. 남성의 약 10퍼센트가 셀룰라이트를 지니고 있지요. 여성과 남성이 차이가 나는 이유는 무엇일까요? 엉덩이, 허벅지, 팔에 피하 지방이 더 잘 축적되도록 만드는 에스트로겐(여성 호르몬) 때문입니다. 뿐만 아니라, 피하 지방 세포의 구성이 성별에 따라 다르다는 점, 여성의 피부가 더 얇다는 점, 또 경구 피임약 복용 여부 때문이기도 합니다.

셀룰라이트는 과체중의 신호다

허벅지, 엉덩이, 배……. 이렇게 지방과 수분이 쌓여 있는 여성은 열 명 가운데 아홉 명꼴입니다. 셀룰라이트는 마른 사람이건 아니건 모두에게 생겨나지요. 다만 과체중일 경우 셀룰라이트가 더욱 눈에 띌 뿐입니다.

셀룰라이트를 악화시키는 요인은 나쁜 식습관, 신체 활동 부족, 혈액 순환 문제, 스트레스, 흡연, 연령대 등 여러 가지입니다.

건강한 식습관은 셀룰라이트에 맞서는 데 도움이 된다

소금, 당질(당분), 지질(지방)이 많고 식이섬유가 부족한 식습관은 셀룰라이트를 악화시킵니다. 반대로 식생활의 균형이 회복된다면 셀룰라이트가 있는 허벅지의 상태를 호전시킬 수 있지요. 수분을 정체시키는 소금을 줄이고, 정제된 백설탕과 가공식품 대신 기름지지 않은 육류와 과일, 채소를 섭취하세요!

마사지를 받으면 효과가 좋다

안마사가 손으로 만져 보고 림프를 배출시키거나 밀어내는 마사지 방식은 정체된 수분을 줄이고, 혈액 순환을 개선하고, 피부를 탄탄하게 해 줍니다. 마사지로 셀룰라이트를 물리쳐 봐요! 한편, 안티 셀룰라이트 크림이나 그 외 각질 제거 제품은 현재로선 전혀 효과가 입증되지 않았습니다. 그렇지만 혈액 순환을 좋게 하는 신체 활동(걷기, 수영, 자전거 등)을 하면 긍정적인 효과를 볼 수 있습니다.

안티 셀룰라이트 크림 등 각종 제품은
현재로선 전혀 효과가 입증되지 않았습니다.

다양한 셀룰라이트

셀룰라이트는 섬유형, 수분형, 지방형 세 가지가 있습니다. 서로 연관된 경우가 많습니다. 만졌을 때 단단하고 아프며, 울퉁불퉁한 모양새에 보랏빛이 도는 섬유형 셀룰라이트는 오랜 시간에 걸쳐 생겨났으며, 조직 깊은 곳에 자리 잡고 있습니다. 부드럽고 넓게 퍼져 있는 수분형 셀룰라이트는 눈에 잘 보이지 않으며, 혈액 순환과 관련된 질환을 일으키는 원인입니다. 물렁물렁하고 만져도 아프지 않으며 국소적으로 생겨나는 지방형 셀룰라이트는 대체로 나쁜 식습관이나 운동 부족 때문에 생겨납니다.

플로랑스 앵뷔제

10

소변이 자주 마려우면 병이라고?

아랫배가 묵직해 소변을 자주 보고 싶고, 소변을 볼 때면 욱신거리고, 소변이 탁하며 냄새가 심하고, 가끔은 피도 섞여 나옵니다. 요로 감염증일 가능성이 높습니다!

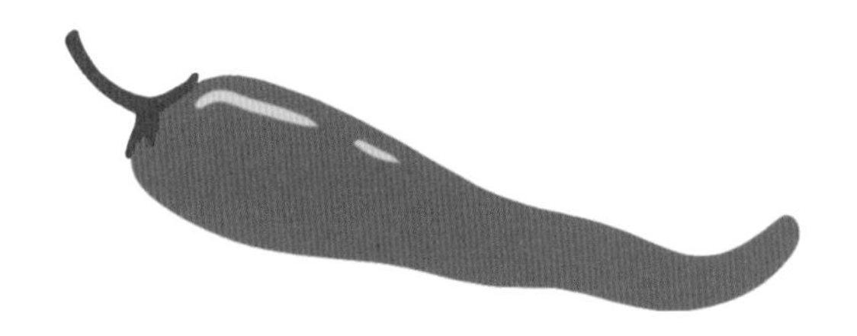

방광염은 박테리아 때문에 생겨난다

물론 요로 감염증은 주로 박테리아 감염 때문에 생겨납니다. 80퍼센트의 경우, 대장균(Escherichia coli) 때문입니다. 그렇지만 요로 감염증은 염증(전립선염)이나 성 매개 감염병(임균, 클라미디아 균 등), 또는 당뇨병과 연관이 있을 수 있습니다. 수분을 충분히 공급하지 않거나, 호르몬이 변하거나, 면역 억제 치료나 항암 치료를 하면 요로 감염증 발병 가능성이 높아집니다.

방광염은 대부분 가벼운 수준이다

열이 나지 않고 소변에 혈액이 섞여 나오지 않는 경우라면, 또 임신을 한 상태거나 노년층이 아니라면, 일반적으로는 하루이틀 정도 기다려 본 뒤에 항생제를 복용해도 된다고 의사들은 말합니다. 물을 충분히 마신다면 인체는 스스로 치유하는 힘을 발휘하기 때문입니다. 반대로 열이 나거나 등(신장이 감염되었다는 신호일 수 있음)이나 아랫배 부위에 상당한 통증이 느껴진다면 지체 없이 병원에 가야 합니다. 소변 세포 검사를 통해 관련된 세균을 파악하고 적절한 항생제를 처방할 수 있습니다.

남성보다 여성이 더 많이 걸린다

매년 여성의 약 10퍼센트가 방광염에 걸립니다. 남성에게서는 훨씬 적게 발생하는 질병인데 이유가 무엇일까요? 여성들은 항문과 요도 입구가 가까이 있어, 장 속 박테리아가 요도에 침투하기 훨씬 쉽습니다. 더구나 요도가 아주 짧기 때문에(4센티미터 정도) 박테리아가 방광에 더욱 빠르게 침입합니다.
여성과 관련된 또 다른 요인이 위험을 높이기도 합니다. 임신한 동안 자궁이 방광을 압박해서 소변이 더 느리게 배출되거나, 완경이라거나, 에스트로겐 분비량이 줄어들거나, 또는 생식기가 청결하지 못하다거나 반대로 지나치게 청결해도 문제가 됩니다!

남성 방광염이 더 심각한 경우도 있어

그렇지만 우리의 편견과는 달리, 예외적인 경우를 제외하고는 여성의 방광염은 신우신염(신장 감염)으로 발전하는 경우가 드뭅니다. 약 50퍼센트의 경우, 항생제를 복용하지 않아도 물을 많이 마시고 방광을 잘 그리고 자주 비우기만 해 줘도 자연스럽게 완화됩니다. 젊은 남성의 경우, 주로 성 매개 감염병으로 인해 방광염에 걸리는 일이 많습니다. 50세 이상 남성에게서는 가벼운 전립샘 비대증이 방광염을 가장 빈번하게 유발하는 원인입니다.

플로랑스 앵뷔제

11

브래지어를 안 하면 가슴이 망가진다고?

**여성의 가슴은 건강과 관련된 수많은 고정관념에서도
결코 자유롭지 않습니다.
가슴에 얽힌 세 가지 고정관념을 살펴봅시다.**

가슴이 작으면 모유 수유에 방해된다

가슴은 모유를 만들어 내는 유선과 지지 조직(쿠퍼 인대), 지방(지방 조직)으로 이뤄져 있으며, 이 모든 것이 피부로 덮여 있습니다. 가슴의 크기는 대체로 지방 조직의 양에 따라 결정됩니다. 가슴의 크기는 모유를 만들어 내는 것과 모유의 질에 전혀 영향을 끼치지 않습니다. 따라서 모유를 수유하고자 하는 여성이라면, 유방 수술 직후와 같이 아주 특수한 상황을 제외하고는 유방의 크기나 형태와 상관없이 누구든 수유를 할 수 있습니다.

브래지어는 꼭 해야 한다

브래지어에는 지지대가 들어 있습니다. 그러니 어떤 사람들은 지지대가 없으면 가슴이 전혀 받쳐지지 않으니, 브래지어를 반드시 할 수밖에 없다고 이야기하는 겁니다. 하지만 이건 잘못된 상식입니다. 쿠퍼 인대가 가슴을 지지하고 있기 때문이지요. 브래지어를 벗으려는 사람들은 안심해도 괜찮습니다. 그렇게 하더라도 가슴이 망가지지 않습니다. 적어도 특정 시기에 이르기 전까지는 말입니다. 일정 시기부터는 노화로 온몸의 피부가 탄력을 잃어 가슴 역시 다소 처지기 때문입니다. 이건 아쉽게도 피할 수 없는 일이며 모든 여성들이 겪는 자연스러운 과정입니다. 브래지어를 하든 말든 무관하게 말이지요.

브래지어를 벗으려는 사람들은 안심해도 좋습니다.
가슴이 망가질 일은 없으니까요.

유방암은 여성만 걸리는 질병일까?

유방암의 99퍼센트는 여성에게 발병하지만, 그렇다고 해서 남성이 예외인 것은 아닙니다. 여성의 가슴보다 덜 발달하긴 했지만, 남성에게도 가슴이 있는 것은 마찬가지이기 때문입니다. 게다가 몇몇 위험 요인은 남성이 유방암에 걸릴 가능성을 높이기도 합니다.[12] 국립 암 연구소 사이트에서는 "증상을 모른 채 지나가지 않으려면, 남성들도 유방암에 걸릴 수 있다는 사실을 인지하는 것"이 중요하다고 강조합니다. 지금껏 여성이 가슴에 신경을 쓰던 것만큼 남성도 신경을 쓰게 만드는 것부터 큰 과제입니다!

알렉상드린 시바르-라시네

---

12) 유방암에 걸린 대부분의 남성들은 침윤성 암종이 발달해 있다: www.e-cancer.fr/Patients-et-proches/Les-cancers/Cancer-du-sein/Les-maladies-du-sein/Cancers-du-sein

12

점을 빼지 않으면 계속 커진다고?

피부에 생겨나는 악성 종양인 흑색종은 유럽인 사이에서 빈번히 발생하고 있습니다. 태닝이 유행하는 탓도 있지요. 점이 흑색종을 숨기고 있을 수도 있다고들 하지만 점을 뺀다고 해서 병에 걸리는 것은 아닙니다.

피부, 눈, 머리카락의 색이 밝으면 흑색종이 발달할 위험이 높아지듯이, 점이나 잡티가 많을 경우에도 마찬가지입니다. 전국 피부병 및 성병 의사 협회 부회장이자 '피부암 예방 및 진단의 날'을 주관하는 클로딘 블랑셰-바르동Claudine Blanchet-Bardon은 2015년 〈*과학과 미래*Science et Avenir〉에서 "몸에 점이 50개 이상 있을 경우 흑색종 발병 위험이 상당히 증가한다."라고 밝혔습니다. 흑색종의 20~40퍼센트가 점에서 시작해 발달한다고 알려져 있습니다. 그렇지만 잡티를 빼는 건 흑색종에 아무런 영향도 끼치지 않습니다!

무분별하게 축적되는 멜라닌 세포

점은 피부색을 결정하고 피부가 그을리도록 색소를 만들어 내게 하는 멜라닌 세포로 이뤄져 있습니다. 이 멜라닌이 발생하고 축적되면 점이 생겨나는데요. 점은 피부암으로 악화될 수도 있습니다. 때문에 피부과 의사들은 매년 사진을 촬영하면서 점의 발달 추이를 감시하지요.

또 피부암 발병 위험이 있는 사람이라면, 거울이나 주변 사람의 도움을 받아 약 4개월마다 빛을 환하게 밝혀 발가락 사이부터 두피까지 구석구석을 살피는 것도 추천하는 방법입니다.

점은 피부색을 결정하고 피부가 그을리도록 색소를 만드는 멜라닌 세포로 이뤄집니다.

눈을 크게 뜨고 보자, ABCDE !

마지막으로 피부과 의사들은 이미 있었거나 새로 생긴 '잡티'를 살펴볼 때 위험 신호가 있는지 주의를 기울이면서 'ABCDE' 법칙을 적용해 보라고 권합니다. Asymmetry는 비대칭, Border는 불규칙한 가장자리(움푹 파여 있거나, 경계가 불분명하거나), Colour는 상처 부위 이곳저곳의 색이 일정하지 않은 것, Diameter는 지름이 증가하거나 6밀리미터 이상인 경우, Evolution은 점의 크기, 형태, 색깔이 변화하는 겁니다.

만약 여러분 몸에 이런 특징을 지닌 점이 하나라도 있다면, 그 점을 빼도 괜찮을지 피부과 의사와 상담해 보세요. 잡티를 제거하는 건 암을 유발하지 않습니다. 이 역시 무너뜨려야 할 또 하나의 선입견이지요! 잡티를 제거하는 것은 전혀 위험하지 않으며, 의심스러운 점이나 미용을 위한 경우 제거해도 괜찮습니다.

플로랑스 앵뷔제

기후변화
& 환경

13

고기를 먹는 건 인간의 본성이라고?

고기를 먹는 게 우리의 본성이라면, 육식은 과연 자연에도 좋을까요?

스테이크를 만드는 과정은 지구 온난화를 촉진한다

유엔 식량 농업 기구(FAO)에 따르면, 가축 사육만으로도 전 세계 온실가스 배출량의 14.5퍼센트를 차지하게 됩니다. 가축 사육은 온실가스를 배출하는 원인들 가운데 선두주자로 꼽히며, 교통수단보다도 앞섭니다. 온실가스 배출을 따져 본다면, 소고기를 만들어 내는 것은 아주 오래전부터 오염을 가장 많이 일으키는 과정이었습니다.[13)]

프랑스의 경우, 농업 분야에서 발생하는 온실가스의 절반이 가축을 사육하는 데서 나옵니다. '니콜라-윌로Nicolas-Hulot 자연과 인류 재단(FNH)'의 농업 및 식품 책임자인 카롤린느 파랄도Caroline Faraldo는 가축이 주로 만들어 내는 메탄가스와 아산화질소 그리고 밭에서 비료로 사용하든 아니든 생겨나는 배설물이 원인이라고 합니다. 가축 사육에 필요한 것들을 공급하며 배출하는 이산화탄소도 더해집니다. 농업에서 발생하는 온실가스의 양을 정말로 반으로 감축하고 싶다면, 동물성 제품 소비를 절대적으로 줄여야 해요.

육류 가공에는 다른 식품에 비해 물이 더 많이 필요하다

가축을 사육하는 데는 땅과 물이 아주 많이 필요합니다. FAO에 따르면, 전 세계 수자원의 8퍼센트가 가축 사육에 쓰이며, 특히 소, 염소, 돼지, 닭과 같이 스테이크로 소비되는 식품을 만드는 데 쓰인다고 합니다.

2012년 발표된 연구[14]에서는 돼지고기 1킬로그램을 생산할 때 인간의 또 다른 단백질 공급원으로 삼을 수 있는 콩을 경작할 때보다 2.5배 많은 물이 필요하다고 강조합니다. 주의를 기울여 보면, 콩에 곡물을 곁들여 먹는 식으로 육류 소비를 적절히 대체할 수 있습니다.

식생활에서 채식의 비중을 높이는 일이 시급하다

고기를 만들어 내려면 생태계와 기후에 상당한 영향을 끼칩니다. 기후 변화에 관한 정부 간 협의체(IPCC) 전문가들도 2015년 다섯 번째 보고서를 통해 육류 제품 소비를 현저히 줄일 것을 권고했지요. 오늘날 수많은 환경 보호 단체들이 다급한 요청을 하고 있는데요. 바로 '접시에 채소를 더 많이 올리자!'라는 메시지입니다. 이미 중요하게 자리 잡고 있는 트렌드이기도 합니다. 파랄도는 "고기를 적게, 더 현명하게 먹는 것은 환경에 끼치는 영향을 줄이기 위해 고취해야 할 엄청난 도전 과제이자, 누구나 할 수 있는 친환경적인 행동."이라고 소리 높여 말합니다. 이 문제를 염두에 둔다면, 우리의 한 입 한 입이 중요합니다!

알렉상드린 시바르-라시네

---

13) 〈가축을 통해 기후 변화를 공격하다〉, FAO, 2013.
14) 메스핀(Mesfin) M., 메코넨(Mekonnen), 아르헨(Arhen) Y. 회크스트라(Hoekstra), 〈축산물의 물 발자국에 관한 전 세계적 평가〉, Ecosystems, 2012.

14 티셔츠를 사면 살수록 물부족에 시달린다고?

설마, 옷을 싹 갈아 치운다고 해서 지구에 해를 끼치기야 하겠어요?

유명 SPA 브랜드의 귀엽고 예쁜 면 티셔츠는 환경에 막대한 영향을 끼칩니다. 전 세계적으로 목화 재배는 농약과 담수를 가장 많이 소비하고 있는데요.[15] 티셔츠 한 장을 만들어 내는 데 샤워를 70번 하는 양과 맞먹는 물이 필요합니다. 환경에너지 관리청(ADEME)의 섬유 산업 전문가인 어원 오트레Erwan Autret는 "물 부족에 시달리며 충분한 담수를 구하기 어려운 중국과 인도 등지에서는 큰 문제."라고 강조합니다. 또 목화 재배에는 질소와 인을 넣은 비료도 많이 들어갑니다.

섬유 산업은 석유 산업에 이어 세계에서 두 번째로 오염을 많이 일으키는 산업입니다. 티셔츠에 그려진 유니콘에 무지개 색깔을 입히기 위해 대부분의 제조업체들은 유해 물질을 사용합니다. 대표적으로는 노닐페놀 에톡시레이트가 있습니다. 업계 종사자와 소비자 모두에게 위험한 이런 물질들은 옷을 세탁할 때 수생 환경으로 유입됩니다. 때문에 단순히 티셔츠를 생산하는 과정뿐만 아니라 순환 전체를 고려해야 하지요. 티셔츠가 환경에 끼치는 영향의 50퍼센트는 소비자가 입고 버리는 것과 관련이 있으니까요. 매년 전 세계적으로 옷이 수조 벌씩 만들어진다는 사실을 감안하면, 이제는 보다 지속 가능한 행동을 취해야 할 때입니다.

광고와 마케팅에 혹하는 일을 멈춰 보면 어떨까요? 중고나 빈티지 의류를 구입하거나, 친구들끼리 물물교환을 해 보면 어떨까요? 그렇게 하면 우리가 걸치는 옷은 '스타일리시'하기만 한 게 아니라 지구에도 훨씬 더 이롭겠죠!

알렉상드린 시바르-라시네

15) 섬유 중 면을 만드는 데 물이 가장 많이 필요하다: 스웨덴 연구 단체 '미스트라 퓨처 패션(Mistra Future Faschion)' 발표, 2019. 3.

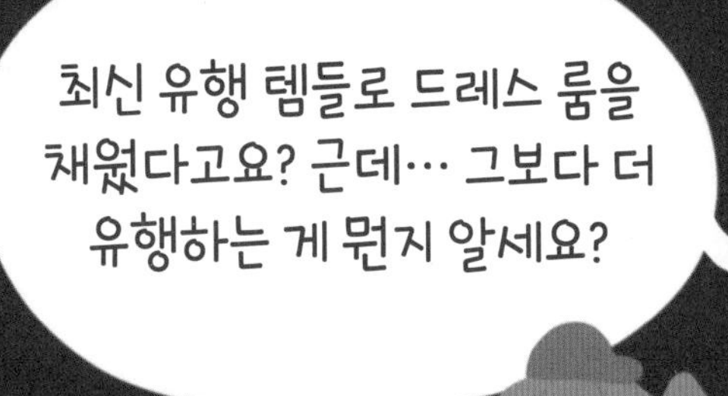
최신 유행 템들로 드레스 룸을 채웠다고요? 근데… 그보다 더 유행하는 게 뭔지 알세요?
바로 여러분의 행성을 돌보는 일이랍니다!

les chemtrails

비행운이 환경을 오염시킨다고?

제트 엔진에서 나오는 수증기가 응결해서 구름을 만드는 거야. 높은 고도에서 습도가 올라갔을 때 생겨나. 공기 중의 물이 수증기로 변했다가, 영하 40도의 공기로 배출되는 거야. 그러면 수증기가 얼어 붙어서 그 결정이 구름을 만들지. 엄청 추울 때 입김이 나오는 거랑 비슷해.
갑고 공기
제트 엔진에서 데워진 공기
그렇다면 왜 어떤 비행기에선 구름이 생기고, 어떤 비행기에선 아닌 건데? 또 어떤 비행운은 왜 더 오래 남아 있는 건데?

비행기들이 항상 같은 고도에서 날아가는 건 아니니까. 또 기압, 기온, 습도가 다를 수도 있지.
그걸 설명할 만한 합리적인 이유는 많아.
그러면 켐트레일 얘기는 완전 거짓말이네?
음, 어쩌면 예전에는 그렇게 믿을 만한 구실을 제공한 군사 작전이 있었을 지도 몰라. 그후 음모론자들 사이에서 전 세계적으로 민간 항공기를 이용해 사람들을 조종하려 한다는 이야기가 나왔겠지.

흠, 일리 있네. 납득이 가네.
근데 비행운이 오염을 시키긴 하잖아. 거기다 어떤 농장에서는 경비행기로 농약을 살포하기도 하고.
그래, 그건 맞아.
그렇지만 정부가 음모론을 펼치고 있다고 비난할 수만은 없어. 그런 걸로 치면 우리도 다 책임이 있을 테니까. 비행기를 타고 여행도 가고, 해외 배송도 시키고…

근거가 엉성한 의심스러운 현상을 겁내는 데 에너지를 낭비하는 것보다는…
과학자들이 전 세계적으로 오랫동안 경고해 온 문제를 걱정하는 편이 낫겠다고 생각하지 않아?
맞는 말이야!
Clem pour Curieux!

16
비건이 지구를 구한다고?

비건이 되는 것은 환경을 위한 실천인 동시에
지구 온난화에 맞서는 일이다!
이 존경스러운 삶의 방식은 과연 주장대로 고결할까요?

비거니즘은 식생활을 넘어 삶의 태도를 나타냅니다. 비건을 실천하는 사람들은 동물성 제품 섭취를 거부하는 데만 그치는 것이 아니라, 모직물이나 가죽 같은 동물성 제품을 사용하는 것도 거부하기 때문입니다. 그래서 이들은 식사에 동물성 단백질을 전혀 넣지 않으며, 이를 통해 탄소 발자국이나 물 발자국을 줄이는 데 동참한다는 것을 내세웁니다. 2019년 9월 17일 〈*글로벌 환경 변화*〉[16]저널에 따르면, 존스 홉킨스 대학교 연구자들은 2011~2013년 FAO가 신뢰할 만한 정보를 제공해 준 140개 국가를 대상으로 9가지 식이 요법(비건부터 주중 하루 채식)이 끼치는 영향을 이론적 모델로 만들었습니다.

비건만 이로운 것은 아니다

연구는 (이론적으로) 모든 사람들이 비건 식단을 적용할 경우, 1인당 평균 탄소 발자국을 70퍼센트 줄일 수 있으며, 조사 대상국의 97퍼센트가 온실가스를 덜 배출할 것이라고 합니다. 그렇지만 탄소 발자국이나 물 발자국 감소를 놓고 본다면, 다른 식이 요법도 '비건에 비견할 만한 환경적인 이익'을 가져다줍니다. 먹이 사슬에서 낮은 곳에 자리 잡은 동물(정어리나 청어 같은 작은 생선, 연체동물, 곤충 등)을 포함한 식단이 그렇습니다.

보편적인 대응 방식은 아니다

다른 식이요법 역시 탄소 발자국에 긍정적인 영향을 끼칩니다. 비건 식단을 선택적으로 실천하는 것(세 끼 가운데 한 끼가 비건인 경우), 채식(달걀과 우유를 섭취하는 경우), 페스코(pesco-vegetarian 식단, 동물성 단백질 가운데 생선만 섭취하는 경우)가 여기 해당합니다. 연구자들은 지구 온난화 문제를 놓고 봤을 때 "채소를 중심으로 삼는 식단을 향한 움직임이 중요하다."라고 강조합니다. 각 국가의 문화 지리적 특수성을 고려하며 이를 실천해야겠지요. 보편적인 대응 방식을 내놓을 수 없기 때문입니다.

다른 식이요법 역시 탄소 발자국에
긍정적인 영향을 끼칠 수 있습니다.

유일한 해결책은 아니다

일반적으로 식탁 위에서 "고기를 없애는 것보다, 동물성 제품 소비를 줄이는 것이 훨씬 더 *'기후친화적'*이라고 연구자들은 주장합니다. 전원 풍경에서 보이는 동물들을 없애는 것보다도 말이죠. 초원에서 풀을 뜯는 소, 양, 그 밖의 다른 동물들은 생태계가 잘 작동하고 생물 다양성을 유지하도록 도움을 주며 사막화에 맞서기도 합니다.[17] 사막화는 지구 온난화를 가속화하는 요인이지요.
우리가 마주하고 있는 복잡한 과제 앞에서 안타깝게도 기적적인 해결법은 없습니다.

알렉상드린 시바르-라시네

---

16) doi.org/10.1016/j.gloenvcha.2019.05.010
17) 사막화에 맞서는 짐바브웨의 생물학자 앨런 세이보리(Allan Savory)가 발전시키고 이론화했다: www.ted.com/talks/allan_savory_how_to_fight_desertification_and_reverse_climate_change

17

지구 온난화는 인간 때문에 일어난 게 아니라고?

인간이 끼치는 온갖 영향과는 별개로
기후는 늘 변화해 왔다는 주장이 떠돕니다.
과연 진실일까요, 거짓일까요?

40억 년을 지내는 동안 우리 지구는 오늘날보다 더 춥거나 더운 등 고된 시기를 거쳐 왔습니다. 기후 및 환경 과학 연구소의 프랑수아-마리 브레옹François-Marie Bréon은 이렇게 기후가 번갈아 바뀌는 것은 "인간이 아니라 자연적인 원인 때문"이라고 확신합니다.

그러나 전적으로 자연 탓은 아냐

『지구 온난화』[18]라는 유익하고 짤막한 책의 저자이기도 한 브레옹은 기후를 변화시키는 자연적 원인을 설명합니다. 태양 주위를 도는 지구의 궤도가 천천히 변화하는 것 역시 우리가 사는 행성이 춥거나 더운 시기를 오가도록 만들 수 있습니다. 그 간격은 수천 년 정도거나, 보다 길 수도 있습니다. 태양 광선, 화산이 분화할 때 대기로 분출되는 입자, 대기와 대양의 순환이 지닌 혼란스러운 성질 역시 지구의 온도를 몇 년에 걸쳐 오르내리게 만들 수 있지요. 그렇지만 IPCC의 다섯 번째 보고서를 작성하는 데 참여했던 물리학자 브레옹은 "이 모든 자연적 원인을 전부 다 합친다 해도, 1970년대 이래로 관측된 온도 상승을 설명할 길이 없다."라고 주장합니다.

더 이상 의심할 때가 아니라, 행동에 나설 때!

과학자들의 공통적인 의견

오늘날 기후학자들은 기후에 영향을 끼치는 것은 인간의 활동 때문에 부수적으로 배출된 온실가스라고 앞다투어 주장합니다. 20세기 초부터 관측된 기온 상승은 인간의 활동으로 인해 특정 기체(이산화탄소CO_2, 메테인CH_4, 아산화질소N_2O)가 집적돼 불러온 온실 효과 때문이라는 사실은 더 이상 의심할 수 없습니다.
기후 위기를 부정하는 사람들은 화내지 마시기를요. 현재 연구를 진행하는 대다수의 기후학자들이 공통된 합의점에 도달했으니까요. 프랑스를 포함한 19개 국가의 학계와 기후학을 연구하는 기관들이 공표한 것입니다. 이제 더는 의심할 때가 아니라 행동에 나설 때입니다!

알렉상드린 시바르-라시네

18) 프랑수아-마리 브레옹, 〈지구 온난화〉(2020).

18

개인의 작은 실천은 기후변화를 막는 데 큰 도움이 안 된다고?

“기후 위기 앞에서 환경을 위한 ‘작은 행동’이나 개인적인 움직임으로는 전혀 힘을 보탤 수 없다!” ‘그게 무슨 소용이람 주의자’가 하는 얘기에 동의하나요? 간단히 실천할 만한 몇 가지 활동은 여러분의 탄소 발자국을 줄일 수 있습니다.

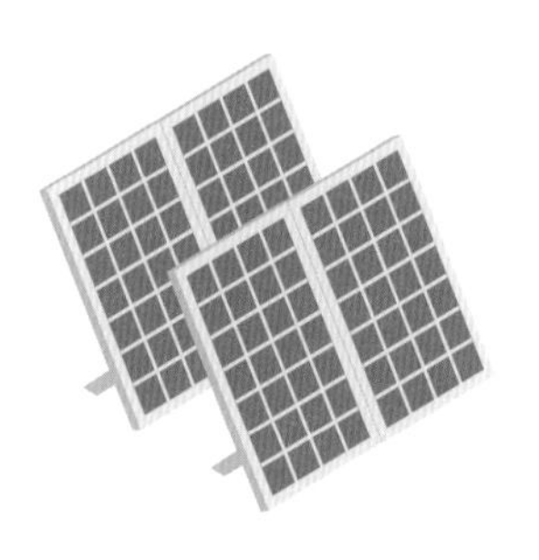

IPCC[19] 전문가들은 단호하게 말합니다. 돌이킬 수 없는 상황에 이르기 전에, 현재 진행 중인 기후 변화의 원인인 온실가스를 완전히 감축해야 한다고 말이죠. 소박함이 주는 행복을 노래한 가수 피에르 랍비의 노랫말처럼, 각자가 “벌새처럼 작은 역할”을 할 수 있다고 프랑스 환경에너지 관리청(ADEME) 책임자 플로랑스 클레망Florence Clément은 말합니다. 작은 일 역시 중요하니까요.

비행기보다는 기차를 선택한다

비행기가 오가는 양은 최근 몇 년 사이 폭발적으로 증가했습니다. 그리고 프랑스 온실가스 배출량의 28퍼센트를 차지하는 교통 영역에서 상당한 비중을 차지하고 있지요. 따라서 국내 여행에는 주로 기차를 타고, 주말이나 며칠 동안의 짧은 여행에는 비행기를 타지 않는 편이 좋습니다. "여행을 멈추라는 것이 아니라, 먼 거리나 긴 여행을 갈 때만 비행기를 타자는 것이다. 휴가를 잘 보내려고 반드시 멀리 떠날 필요는 없다."라고 클레망은 말합니다.

가까운 지역에서 나온 식품과 식물성 식품을 먹는다

고기, 가공식품, 공장식 가공식품이 너무 많은 우리의 식생활을 바꾸자는 겁니다. 온실가스 배출의 20퍼센트는 식품을 생산하고, 운반하고, 보관하고, 유통하고, 조리하는 것과 연관된다고 하는데요. 온실에서 재배한 식품은 들판에서 재배한 것보다 온실가스를 10~20배 더 많이 배출합니다. 그러므로 육류와 가공식품을 덜 먹고, 유통 단계가 짧은 식품을 선호하고, 들판에서 재배한 제철 과일과 채소를 먹으면 온실가스 배출량을 제한할 수 있습니다.

난방 온도를 조금 낮춘다

온실가스 배출의 20퍼센트는 주거와 관련이 있습니다. 석유나 가스로 난방을 하는 실내의 온도를 1~2도 높이면, 더 많은 화석 연료를 쓰게 되지요. 양초를 켜던 시절로 돌아가자는 것이 아니라, "집 안팎에서 쉽게 조절 가능한 난방 조절 장치 같은 현대적인 수단을 사용하고, 낮에 사용하지 않는 방을 과도하게 난방하는 것을 피하자."라는 겁니다.

이처럼 온실가스 배출을 줄일 수 있는 구체적인 방편을 찬찬히 생각해 보면, 환경과 기후 그리고 각자의 지갑 사정까지 챙길 수 있습니다. '그게 무슨 소용이람?'하고 언짢아하지 마세요. 시도해 볼 만한 가치가 있는 방법들이니까요.

알렉상드린 시바르-라시네

---

19) GIEC 발표, 〈기후가 1.5°C 상승할 경우 끼치는 영향에 관한 IPCC 특별 보고서〉(2018).

19

탄소 배출량을 줄이려면 나무를 심는 게 가장 효과적이다?

산림을 가꾸거나 나무를 많이 심는 일은 기후 변화와 온실가스 증가를 막는 기적적인 해결책이 될 수 있을까요?

2019년 7월 〈사이언스Science〉 연구 발표자들은 십억 헥타르에 가까운 면적의 나무를 심는 것은 기후 변화에 맞서는 "가장 효과적이고 경제적인 수단"이라고 여겼습니다. 당장 행동에 옮기기만 한다면 말이죠! 하지만 현실적으로는 장밋빛 전망에 지나지 않습니다.

기적적인 해결책은 없어!

물론 IPCC[20]는 재식림[21]과 조림[22]이 장기적으로 효과를 낼 수 있는 해결책이라고 강력히 권고하고 있습니다. 그렇지만 2019년 8월 보고된 〈기후 변화와 토양〉에서는 숲이 이산화탄소를 무한정 가둬 두는 것이 아니라는 사실에 주목합니다. 산림녹화 운동은 기후 변화에 대항할 수 있는 꽤 괜찮은 선택지 가운데 하나이기는 해도, "땅의 본래 용도와 경합하지 않도록 절제하면서, 그리고 다른 권고 사항들과도 조화를 이루면서 이 해결책을 적용해야" 합니다.

비생산적인 주장

스코틀랜드 랭커스터Lancaster 대학교의 던컨 맥라렌Duncan McLaren은 산림녹화를 기적적인 해결책처럼 내세우는 것은 비생산적이라고 합니다. 그는 프랑스 사이트 〈더 컨버세이션The Conversation〉 기사를 통해, "미래에 이산화탄소를 간단하고 경제적으로 줄일 수 있다고 약속하는 것은, 현재 이산화탄소 배출량을 줄이는 데 시간과 돈을 투자할 가능성을 감소시킨다."라는 입장을 밝혔습니다. 또 이러한 약속은 공적 영역의 결정권을 지닌 사람들이 기존의 에너지 소비 모델에 의문을 품지 않도록 종용할 수도 있습니다. 수많은 전문가 및 과학자 들이 보기에 한계가 명확한 모델 말입니다.

나무가 아닌 숲을 봐야

맥라렌은 "탄소를 붙잡아 두는 일과 마찬가지로 재식림을 촉구하는 일도 중요하다면, 기후 변화에 맞서는 책임을 나무와 기술적인 대응 방식에만 떠넘겨서는 안 된다."라고 합니다. 그리고 "지금부터 경제와 사회를 변화시킬 수 있도록, 온실가스 배출을 감축시키는 정치적 행동을 취할 것을 촉구한다."라고 결론짓지요.
따라서 산림녹화는 기후 변화에 맞서고자 취할 수 있는 행동이기는 하나, 기적적인 해결책은 아닙니다. 우리가 마주한 과제를 헤쳐 나가는 데 본질적인 역할을 할 변화와 행동이라는 숲을 나무가 가려서는 안 되겠지요.

알렉상드린 시바르-라시네

---

20) 1988년에 만들어진 기후 변화에 관한 정부간 협의체(IPCC)에는 현재 195개국이 참여하고 있다.
21) 벌목한 지표면에 다시 나무를 자라게 하고자 나무를 심는 것.
22) 나무를 벌목한 채 오랜 시간 방치되었던 지표면에 다시 나무를 자라게 하고자 나무를 심는 것.

20

숲은 지구의 허파다?

**숲, 특히 열대 우림은 우리가 호흡하는
산소의 일부를 제공합니다.
그렇지만 이렇게 중요한 역할을 맡는 것이
과연 숲뿐일까요?**

지구의 허파는 우리가 생각하는 것과 다릅니다! 바다 표면에선 식물성 플랑크톤이 열심히 산소를 만들어 내는데도 가치를 제대로 인정받지 못하고 있지요.

식물성 플랑크톤이 없다면 물고기도 없다!

식물성 플랑크톤은 수면에서 생겨나는 미생물로 이뤄져 있습니다. 땅 위의 풀과 나무와 마찬가지로, 식물성 플랑크톤은 태양이 내뿜는 빛 에너지를 모아서, 이를 활용해 대기에 있는 탄산가스(CO_2)와 물(H_2O), 염화 나트륨이나 황산 등 무기 염류를 재료 삼아 유기 물질을 만들 수 있지요. 이런 작용 덕분에 식물성 플랑크톤은 성장에 꼭 필요한 영양분(당분, 지방질, 단백질)을 만들어 냅니다. 해양 먹이사슬의 첫 번째 주자인 식물성 플랑크톤은 다른 동물들에게도 양분을 제공합니다. 눈에 보이지 않는 이 미세한 생명체가 없다면, 우리가 알고 있는 해양 동물 세계는 존재할 수 없습니다. 만약 식물성 플랑크톤이 없다면 물고기도 없는 것이죠! 우리 지구도 살아 숨 쉴 수 없고요.

지구의 진정한 허파, 식물성 플랑크톤

광합성을 하면 살아 있는 유기 물질을 만드는 과정에서 일어나는 화학 작용으로 산소(O_2)도 배출됩니다. 오늘날 과학자들은 식물성 플랑크톤이 지구 대기의 50~85퍼센트를 만들어 낸다고 합니다. 따라서 고정관념과는 달리, 지구의 산소를 만드는 일등 공신은 숲이 아니라 식물성 플랑크톤입니다!

프랑스 과학 연구 센터(CNRS) 연구팀 책임자이자 『플랑크톤, 생명의 기원』(2013)의 저자인 생물학자 크리스티앙 사르데Christian Sardet는 "우리 인간은 플랑크톤과 긴밀하게 연결되어 있다. 우리가 숨 쉴 때마다 플랑크톤의 선물을 받기 때문이다. 광합성 세균과 식물성 단세포 원생생물은 땅에 있는 모든 숲과 식물을 합친 것만큼이나 많은 산소를 만들어 낸다."라고 정리합니다. "30억 년 전부터 식물성 플랑크톤은 탄소가 순환하는 과정에서 어마어마한 양의 탄산 가스를 흡수함으로써 기온과 기후를 비롯해 해양의 생산성을 조절해 왔다."라는 사실도 잊어서는 안 됩니다. 식물성 플랑크톤은 작지만 꼭 필요합니다!

알렉상드린 시바르-라시네

21

시골 공기가 더 깨끗하다고?

시골 생활을 꿈꾸는 도시인은 많습니다. 그럴 만도 합니다. 시골은 푸르고 공기도 맑으니까요. 그런데 정말일까요? 우리 건강에 가장 해로운 대기 오염 물질은 없을까요?

숨 쉬는 일은 건강에 해롭다

건강에 가장 해로운 오염 물질은 땔감을 사용해 개별 난방을 하거나, 모터가 달린 교통수단을 사용하거나, 공업과 농업 활동을 하면서 주로 생겨나는 미세 먼지($PM_{2.5}$)[23]입니다. 공기 속에 떠다니는 고체 또는 액체 성분으로 이뤄진 미세 먼지는 호흡기 깊숙이 침투하며, 연간 48,000명의 사망자를 발생시킵니다.[24]

오존(O_3)도 마찬가지입니다. 이 오염 물질은 여름이 되면 태양 광선과 높은 온도의 영향으로 대기의 낮은 구역으로 내려오지요. 에너지 발전, 공업, 육로 교통에서 주로 배출하는 휘발성 유기화합물(VOC)과 질소산화물(NO_x)[25]이 화학 작용을 일으켜 오존이 만들어집니다.

---

23) 'Particulate Matter'의 약자로 지름이 2.5마이크로미터 이하인 입자를 가리킨다.

24) 국립 공중보건청, 〈프랑스 대기 오염이 보건에 끼치는 영향: 새로운 데이터와 관점〉(2016).

25) 질소산화물(NO_x)에는 일산화질소(NO)와 이산화질소(NO_2) 분자가 들어 있다.

시청역 1 11

농촌 방문의 해

… 바람 쐬러 오세요!

숲과 바다 그리고 오존이
가득한 공기도 있어요!

시골에는 이산화질소가 적지만, 오존은 더 많다

"농촌 지역의 대기"[26] 연구를 통해, 도시와 농촌 지역의 오염 수준과, 2018년 동안의 농촌 지역 오염 물질 구성 성분을 비교해 봤습니다. 파리 북부의 인구 400명 규모의 마을인 카이유엘-크레피니Caillouël-Crepigny에 설치한 관측소와, 다른 도시 지역 관측소에서 얻은 결과를 비교했습니다. 좋은 소식은 연간 이산화질소 농도가 농촌 지역이 60퍼센트 더 낮다는 것입니다. 반대로 연간 오존 농도는 도시 지역(생-퀑탕Saint-Quentin)이 8퍼센트 더 낮았습니다. 미세 먼지를 살펴보면, 시골과 도시 지역 사이에 눈에 띄는 차이는 보이지 않았습니다. 농촌에 가면 더 푸른 풀밭이 펼쳐져 있고, 삶의 질이 월등히 나아진다 하더라도, 우리가 숨 쉬는 공기에는 안타깝게도 오염 물질이 어김없이 들어 있습니다.

알렉상드린 시바르-라시네

26) '아트모 오드프랑스(Atmo Hauts-de-France)' 연구, 2018.

22
식물은 순수하고 무해하다고?

알록달록 동그랗고 즙이 가득한 과일을 먹어 봅시다.
한편 식물은 우리에게 먹히지 않으려 온갖 수를 씁니다.
어떤 술수냐고요? 바로 독성 물질을 만들어 냅니다.

태초에 금단의 과일이 있었습니다. 꾐에 빠진 이브와 아담은 그걸 먹기로 했고 결국 인류에게 손해로 돌아왔지요. 그런데 식물의 입장에서는, 번식해 생존하려면 먹혀서는 안 되지 않았을까요? 열매라는 매력적인 껍질로 씨앗을 감싼 형태는, 식물이 후손을 만들고 종이 살아남기 위해 필요하기 때문입니다.

신경독을 지닌 과일

숲이나 공원을 산책하다 보면 새들이 잔뜩 몰려 있는 열매를 발견하곤 합니다. 그렇지만 아이들이 열매를 건드리지 않도록 잘 감시하고, 마트에서 파는 다른 과일과 혼동하지 마세요.
우리 주변에 많이 널려 있는 열매에는 독성이 아주 많습니다. '가짜 모과나무'라고도 부르는 마르멜루 열매부터, 산사나무나 야생 자두나무 열매까지 말입니다. 즙이 풍부하고, 먹음직스럽고, 맛있는 과일과 비슷해 보이는 열매일수록 더욱 위험합니다. 해로운 식물로 채소밭에 곧잘 섞여 드는 까마중이 바로 그렇습니다. 블루베리 열매처럼 예쁘장한 까마중 열매는 위중한 심장 질환이나 신경성 질환, 심지어는 사망을 불러일으킬 수 있습니다.

치명적인 아름다운 꽃

울타리와 마을 어귀를 장식하고 있는 아름답기로 유명한 협죽도는 사실 멀리해야 할 꽃입니다. 협죽도에는 심장 독성 물질(심장 독성 글리코사이드)이 들어 있는데, 섭취할 경우 심장 질환을 유발합니다. 사촌 지간인 월계수와 헷갈리면 안 됩니다. 잎을 말리더라도 독성 물질은 여전히 남아 있기 때문입니다.

은방울꽃은 연인에게 선물하기에는 딱이지만, 아이나 반려동물 들한테서는 멀리 두어야 합니다. 꽃만이 아니라 줄기, 잎사귀, 담아 뒀던 화병의 물까지도 심혈관계 질환, 설사, 구토를 불러일으킬 수 있으니까요.

아름답기로 유명한 협죽도는
사실 피해야 할 위험한 꽃

따끔한 광독성 식물

여름이 끝나는 것은 곧 가을철 열매를 만난다는 뜻이기도 합니다. 그중 선두주자는 무화과입니다. 할머니가 만들어 주시는 무화과 잼의 향긋한 냄새가 느껴지나요? 깜박하고 얘기해 주지 않으신 게 있는데요. 바로 잎사귀에는 따끔한 보호 장치가 있다는 사실입니다. 무화과나무는 광독성 물질인 푸라노쿠마린(furanocoumarin, 간지러움을 유발)을 진물에 분비해서, 나뭇가지를 차지하려고 혈안이 된 곤충을 막아 냅니다. 이 물질은 인간에게 식물성 광피부염을 유발하거나, 심각한 수준에 이르게 할 수 있습니다. 무화과나무, 고추나물, 심지어는 파슬리 같은 식물종이 유발하는 식물성 광피부염에 걸리면 피부가 햇빛에 더 예민하게 반응합니다. 자외선 차단제와 완전히 정반대의 역할을 하는 겁니다.

알렉상드르 마사

가까이 올 테면
와 봐!
불청객은 호되게
내쫓으니까!

23

아보카도가 환경 파괴범이라고?

프랑스에서 가장 많이 소비하는 과일 11위를 차지하는 아보카도, 한 가구당 연간 평균 2.8킬로그램을 소비하지요.

건강에 좋고 손질도 쉬운 아보카도는 초록색을 띠기는 하나, 사실은 친환경적이지 않은 환경 파괴범입니다. 프랑스령 코르시카섬에서도 아보카도를 생산하기는 하지만, 마트에서 보이는 대부분은 이스라엘, 스페인, 멕시코 등지에서 옵니다. 봄 여름에는 케냐와 남아프리카공화국에서 주로 수입하고요.

열대, 아열대, 지중해 지역에서 재배하는 아보카도에는 많은 물이 필요합니다. 아보카도 한 개가 열리기까지 평균 227리터가 들어가지요.[27] 한데 아보카도 수요는 세계적으로 어마어마하게 증가하고 있습니다. 프랑스에서는 2012~2013년과 2017~2018년 1인당 아보카도 소비량이 54퍼센트나 증가했습니다.

27) 물 발자국 계산기: waterfootprint.org/en/about-us/news/news/grace-launch-es-new-water-footprint-calculator

아보카도는 물 먹는 하마

2018년 전 세계적으로 아보카도를 재배하는 데 사용한 물의 양은 "약 6.96 세제곱킬로미터(km^3)로서 [...] 올림픽 수영장(2,500m^3) 2억 8천 2백만 개를 채운 양."이라고 〈*유로-초이스*Euro-Choices〉저널의 루벤 소마루가Ruben Sommaruga와 오노르 메이 엘드릿지Honor May Eldridge는 밝힙니다.[28] 나라마다, 같은 나라 안에서도 지역 따라 차이가 나는데요. 전체 생산국 가운데 멕시코는 물 발자국[29]이 가장 많습니다. 2012년 멕시코 조사에 따르면, 아보카도 생산은 물의 자연 순환을 교란시키는 것과 관련이 있다고 합니다. 아보카도 재배로 인한 또 다른 사회 경제적 문제는 차치하더라도 말이죠.

문제의식이 필요해

기후가 변화하는 상황에서 물 발자국을 가만히 두고 볼 수 없습니다. 앞선 논문 저자들 역시 "아보카도 생산이 끼치는 부정적인 영향을 막거나 완화하려면" 아보카도 수입국과 생산국이 협력해 행동에 나서는 게 시급하다고 봅니다. 특히나 수자원이 희소해지는 국가에서 말이죠. 이런 상황에서 소비자도 적극적인 역할을 해야 합니다. 윤리적인 소비와 환경 보호에 보탬이 되도록 의식적으로 노력하고, 식품을 고르는 행동이 어떤 영향을 끼치는지 생각하면서 말입니다.

알렉상드린 시바르-라시네

---

28) 〈아보카도 생산: 물 발자국과 사회경제적 함의〉(2020), doi.org/10.1111/1746-692X.12289
29) 탄소 발자국, 생태 발자국과 마찬가지로 환경과 관련된 지표. 인간의 활동이 수자원을 다양하게 이용하며 어떤 영향을 끼치는지 알려 준다.

강수량이 많은 것과 비가 자주 내리는 것은 다르다고?

얏호~
드디어 휴가를 가네요! 코르시카섬에 가서 햇빛을 실컷 쬘 거예요.
멋진데요!
저도 일주일 정도 부모님 댁에 다녀올 거예요. 브르타뉴로요.
정말 좋을 것 같아요!

뭐라고요?!
휴가가 일주일 밖에 안 되는데, 프랑스에서 제일 비가 많이 오는 곳에서 보내기로 했다고요?
흐음…
아니, 그건 편견 아닌가요? 실제로 사람들이 생각하는 것만큼 비가 많이 오진 않는다고요.

자, 보세요.
비가 가장 많이 내리는 지역 10위
2019년 총 강우량, 프랑스 기상청
지역
강우량
1. 오베르뉴-론-알프(Aubergne-Rhône-Alpes) 965mm
2. 부르고뉴-프랑슈-콩테(Bourgogne-Franch-Comté) 901mm
3. 누벨-아키텐(Nouvelle-Aquitaine) 833mm
4. 옥시타니(Occitanie) 807mm
5. 그랑-데스트(Grand-Est) 788mm
6. 브르타뉴(Bretagne) 773mm
7. 프로방스-알프-코트 다쥐르(Provence-Alpes-Côte d'Azur) 740mm
8. 노르망디(Normandie) 729mm
일 년 동안 여러 지역에 내리는 비의 양을 비교해 보면, 브르타뉴는 겨우 6위일 뿐이라는 걸요.

강우량이 모든 걸 드러내지는 않잖아요… 다른 곳보다 비가 더 세차게 내리는 지역도 있다고요.
연중 비가 내리는 날이 얼마나 되는지를 세어 본다면, 브레스트(Brest)가 단연코 1등일걸요!
평균 159일일 거예요. 제 기억이 맞다면 말이죠.
브르타뉴 지역에 브레스트만 있는 건 아니에요…
이를테면 모르비앙(Morbihan)이나 렌느(Rennes)처럼 극단적이진 않아요.

(*브르타뉴의 강한 지역색을 나타냄.)

25

살충제는 해충만 죽인다고?

**'작물 보호제'라는 말로 순화하기는 하지만
훼방꾼을 정확히 겨냥해 병충해의 원인을 박멸하는데,
정말 아무 위험도 없을까요?**

네오니코티노이드(neonicotinoid), 디메토에이트(dimethoate), 글리포세이트(glyphosate), SDHI, 피레트로이드(pyrethroid) 등 살충제는 천연 원료나 합성 원료로 만들어 낸 500가지에 가까운 활성 물질입니다. 경작지에 피해를 입히는 잡초(제초제), 균류(살진균제), 특정 곤충(살충제)을 박멸하는 데 사용하지요. 하지만 우리가 짐작하는 것처럼 특정한 목표물만 겨냥하는 것과는 거리가 멀며, 생물 다양성을 약화시키는 데 일조합니다.

해롭지 않은 설치류와 그 포식자 모두를 표적으로 삼아

프랑스 국립 농업 식품 환경 연구소(현재의 INRAE)의 두 평가팀에서는[30] 살충제가 표적으로 삼지 않는 식물군과 동물군에 어떤 영향을 끼치는지 조사했습니다. 쥐약이 설치류의 포식자에게 끼치는 영향을 장기간 수집한 결과, 육식 포유류와 맹금류가 먹잇감을 먹고 중독된다고 합니다.

네오니코티노이드의 희생양, 조류

2016년 프랑스 수렵 및 야생 동물 보호국(ONCFS)과 베타그로 쉽(VetAgro Sup) 연구에 따르면, 네오니코티노이드, 특히 이미 꿀벌의 높은 사망률에 일조한 바 있는 이미다클로프라이드[31]를 뿌린 씨앗을 먹을 경우, 곡식을 먹는 조류에게 직접적으로 중독을 일으킨다는 증거를 발견했습니다. 주로 회색 자고새, 바위비둘기, 산비둘기가 해당됩니다.[32]

땅과 흙에 남아 있는 살충제는 위험한 수준

2016년 레스케이프(RESCAPE) 계획을 통해, 180곳의 토양에 사는 155개 동식물군에서 이미다클로프리드를 비롯해 30개의 살충제를 조사했습니다.[33] 결과[34]는 "모든 토양 샘플에서 조사 대상 물질 가운데 최소 1개씩은 검출되었으며, 살충제, 살진균제, 제초제 모두가 최소 1종 이상 검출된 것은 90퍼센트였다."라고 합니다.

살충제를 1종이라도 함유하고 있는 지렁이는 92퍼센트

이는 전통적인 농법이나 유기농법을 활용해 경작하는 토지를 대상으로 한 연구 결과입니다. 지렁이의 경우, 살충제가 최소 1종이라도 나타난 경우가 92퍼센트였으며, 일부에서는 네오니코티노이드 농축 수치가 극단적으로 높아, 토양의 균형을 유지하는 데 핵심적인 역할을 하는 지렁이에게 해로운 수준이었습니다.

알렉상드린 시바르-라시네

---

30) 〈살충제, 농업, 환경〉(2005), 〈농업과 생물 다양성〉(2010).

31) 2018년 9월 1일 유럽 위원회에 의해 금지된 물질이나, 프랑스에서는 예외적으로 2023년까지 "사탕무의 보건상의 위험"을 이유로 사용을 허가하고 있다.

32) link.springer.com/article/10.1007%2Fs11356-016-8272-y

33) CNRS-INRAE, Cebc-Agripop, UMR Ecosys, UMR 연대-환경, 분석 과학 연구소.

34) 펠로시(Pelosi) C. 외, 〈현재 사용되는 살충제의 토양 속 잔류물과 지렁이: 소리 없는 위협인가?〉, Agriculture, Ecosystems & Environment, 305호, 2021.

26

담배꽁초를 버리는 건 '스타일리시한' 행동일까?

**우리가 줍는 쓰레기 중 상당수는 담배꽁초인데요.
담배꽁초에 주의를 기울이는 일이 시급합니다.**

유럽 서프라이더 재단(Surfrider Foundation Europe)의 파리 지부 책임자인 리오넬 셸뤼Lionel Cheylus는 담배꽁초를 거리낌 없이 버리는 행동은 "집단적 기억 속에 뿌리 깊게 박혀 있어서 다시 제대로 교육하기가 어렵다."라고 한탄합니다. 한 인플루언서는 자신의 동영상에서 담배꽁초를 버리는 것이 '스타일리시한 행동'이라고 말했을 정도입니다. 그렇지만 전부 거짓말입니다! 다른 쓰레기와는 다른 치명적인 부분이 있습니다.

해로운 성분 3가지

담배꽁초는 담배를 태우고 남은 찌꺼기인데요. 여기에는 셀룰로오스 아세테이트로 만든 필터가 포함되어 있습니다. 셀룰로오스 아세테이트는 셀룰로오스(천연 고분자)를 화학적으로 가공해 만든 플라스틱입니다. 셀룰로오스 아세테이트 섬유를 유독 물질인 이산화 타이타늄으로 가공한 다음, 자극 물질인 트리아세틴으로 압축시켜 필터를 만듭니다. 그리고 수많은 화학 물질을 함유한 종이로 이 필터를 감싸지요. 따라서 담배꽁초에는 중금속, 금속염, 니코틴, 살충제, 페놀, 글리콜, 휘발성 화합물이 들어 있습니다. 모두 인간과 환경에 해로운 물질입니다.

상당히 위협적인 행위

2017년 렌느Rennes 지구과학 연구소의 발표에 따르면, 담배꽁초는 주변에 나노 입자를 퍼뜨립니다.[35] 플라스틱 폐기물이 만들어 내는 것에 필적할 만한 새로운 환경 오염이 전 세계적으로 등장했으며, 담배꽁초가 환경에 끼치는 영향에 주목해야 한다고 하지요.

한편, 이네리스(Ineris)[36] 전문가들은 "담배꽁초를 위험 폐기물로 분류할 만한" 요인은 충분하다고 봅니다. 특히나 담배꽁초가 "높은 독성"을 지니고 있기 때문인데요. 이는 땅과 바다를 대상으로 하는 생태계 오염 실험을 통해 밝혀졌습니다.

***꽁초 한 개가 물 500리터를
오염시킬 수 있습니다.***

꽁초를 땅바닥에 버리는 것은 바다에 버리는 일

"담배꽁초 한 개가 물 500리터까지 오염시킬 수 있다."라고 셸뤼는 말합니다. 최근 몇 년 동안 담배꽁초는 프랑스 연안을 중심으로 한 바다 폐기물 수거 프로젝트인 오션즈 이니셔티브(Oceans Initiatives)에서 가장 많이 발견된 쓰레기이며, 플라스틱 조각이나 플라스틱병을 한참 앞서고 있습니다. 꽁초가 자연에서 분해되는 데 12년 정도가 걸린다는 점을 고려한다면, 땅과 수중 생태계를 오랫동안 소리 없이 오염시킨 다음, 바다와 대양에 이르러서야 여정을 끝맺는 것입니다.

알렉상드린 시바르-라시네

---

35) hal-insu.archives-ouvertes.fr/GR/insu-01652616
36) 프랑스 국립 산업환경 위험 연구소.

수학 & 물리학

27

배터리는 끝까지 쓴 후에 충전해야 한다고?

배터리 수명을 보존하려면 전자 기기의 배터리를 완전히 사용한 다음 충전해야 한다고 하는데요. 그렇지만 실제 '축전지'를 살펴보면 이 말은 사실이 아닙니다.

배터리를 다 비운 다음에 충전해야 한다는 끈질긴 명령이 탄생한 것은 전자 기기(컴퓨터, 휴대폰, 태블릿, 전기 자전거, 카메라 등)에 니켈-카드뮴(Ni-Cd) 배터리나 니켈-수소(Ni-MH) 배터리를 장착하던 시절부터였습니다. 이런 기기에 사용하던 오래된 '축전지'에서 일어나는 부차적인 반응 때문에 거추장스러운 불순물이 만들어졌는데요. 이는 화학 물질 등을 조금씩 빼내고 배터리 성능을 떨어뜨렸습니다. 이 현상을 '메모리 효과'라고 하는데요. 그래서 배터리를 '끝까지' 사용하고 나서 완전히 충전하면 되었어요. 원치 않는 물질을 녹이기 위해서였죠.

리튬 이온 배터리

오늘날 가장 많이 쓰이는 리튬 이온 배터리가 등장하면서 메모리 효과는 자취를 감췄습니다. 따라서 배터리가 거의 완전히 소진될 때까지 기다렸다가 충전할 필요는 없습니다. 나아가 짧게 여러 번 충전하는 편을 권장하기도 합니다. 리튬 이온 배터리에는 다른 장점들도 많은데요. 가볍고, 부피도 작고, 더 자율적이고, 충전이 더 빠르고, 방전되는 경우도 적고, 과거의 배터리보다 오염도 덜 시킵니다.

폭발 위험?

그렇지만 조심해야 합니다.
과열되면 폭발이나 화재를 일으키는 경우가 종종 있거든요. 인화성 물질인 리튬은 45도 이상의 온도에서는 버티지 못합니다. 심지어 2018년 새롭게 조정한 규정이 등장하기 전 2016년에는 국제 민간 항공 기구(ICAO)에서 항공 업체들이 리튬 이온 배터리를 승객이 탄 항공기의 화물칸에 싣지 못하도록 일시적으로 금지했을 정도입니다.
현재 몇 가지 방법을 활용하면 (결함이 있는 배터리의) 폭발 위험을 제한할 수 있습니다. 햇볕이 내리쬐는 창문 너머나 자동차 안에 전자 기기를 놔두지 말고, 정품 충전기를 사용하며, 컴퓨터는 전원이 꺼져 있을 때 충전하는 편을 권합니다.

배터리 수거

마지막으로, 배터리를 사용할 수 없게 되면 쓰레기통에 버리지 마세요. 수거 장소로 가져가는 것이 바람직합니다. 배터리에는 환경에 해로운 여러 화학 물질이 들어 있으니까요.

플로랑스 앵뷔제

28

전기차가 화석연료 경유차보다 환경에 더 해롭다고?

전기차는 우리가 생각하는 만큼 친환경적이지 않을지도 모릅니다. 언론에선 환경에 좋다고 하는데 말입니다. 무엇이 사실일까요? 파헤쳐 봅시다.

일단 더 '깨끗한', 그러니까 공해를 덜 일으키는 자동차가 있을 거라는 생각부터 비틀어 봅시다. 친환경 자동차란 존재하지 않으니까요. 니콜라-윌로 자연과 인류 재단(FNH)의 유동성 전문가이자, 전기차가 환경에 끼치는 영향에 관한 연구[37]를 총괄한 마리 셰롱Marie Chéron은 "(화석 연료를 이용한 자동차건, 전기차건) 자동차를 제조할 때는 언제나 천연 자원을 추출해 가공하며, 이 모든 과정에는 비용을 치른다."라는 사실을 강조합니다.

온실가스를 덜 배출한다

그럼에도 전기차를 만들 때 기후와 환경에 끼치는 영향이 다른 자동차보다 훨씬 적은 것으로 알려졌습니다. "프랑스에서 전기차를 제조하고, 사용하고, 폐기하면서 생겨나는 온실가스는 가솔린이나 디젤 차량보다 2~3배 낮지요." 나아가 전기차도 미세 먼지를 만들어 내기는 하지만(주로 타이어가 마모되며 생겨난), 다른 종류의 자동차들이 배출하는 것에 비하면 훨씬 적습니다..

배터리의 어두운 이면

그렇다고 해서 전기차에 단점이 전혀 없는 것은 아닙니다. 전기차가 남기는 환경 발자국의 40퍼센트는 배터리 제작과 관련이 있지요. 전기차 배터리에는 리튬, 코발트, 희토류가 들어 있는데 이를 채굴하고 가공하려면 다른 자동차들만큼이나 에너지가 많이 쓰이고 오염이 발생합니다. 현재 프랑스 전기차에 들어가는 배터리 전지는 아시아로 옮겨 생산하고 있습니다. 장기적으로 "유럽에서는 제조 공정을 다시 유럽 영토로 옮겨 오기를 희망하며, 이는 분명 환경에 끼치는 영향을 줄일 것."이라고 셰롱은 강조합니다.

심사숙고해서 사용해야

프랑스에서는 해결책으로 "차량 사용 최적화와 배터리 재사용을 통한 순환 경제, 재활용 배터리 구상(친환경 디자인과 새로운 화학 물질 개발)."을 실시하기도 합니다. 이것이 실현되기 전까지 우리는 각자 배터리 사용법을, 개인의 결정이 불러일으키는 지구적 결과를 깊이 고려해야 합니다. "짧은 거리를 주로 오가는 운전자라면 무급유 주행 거리 600킬로미터가 필요하지 않으며, 무급유 주행 거리가 길어질수록 배터리는 무거워지며, 배터리가 무거워질수록 환경에 끼치는 영향도 커질 것입니다." 우리 각자가 더 현명하게 아끼면서 자동차를 사용한다면, 자동차 종류는 상관이 없겠죠?

알렉상드린 시바르-라시네

---

37) 니콜라-윌로 자연과 인류 재단과 유럽 기후 재단(European Climate Foundation) 조사, 2016. 5~2017. 11.

29

과학자가 되려면 수학을 잘해야 한다고?

과학 분야에서 일하려면 반드시 수학에 뛰어나야 할까요?

일단 과학자의 정의를 내려 볼까요? 자크-이브 쿠스토Jacques-Yves Cousteau는 "어떤 일이 벌어지고 있는지 알고 싶어서 자물쇠 구멍을, 자연이라는 자물쇠의 구멍을 들여다보는 호기심 많은 사람."이라고 합니다. 노벨 물리학상 수상자인 조르주 샤르팍Georges Charpak은 "과학자는 자연을 알아가는 것을 좋아하는 사람이다. 또 주위에 있는 들판을 완전히 무시한 채 자기 밭을 파는 것으로는 만족하지 못하는 사람이다. 알고 싶어 하는 사람이다."라고 덧붙입니다. 교육가 마리아 몬테소리Maria Montessori의 말도 빼놓을 수 없습니다. "과학자란 경험을 바탕으로 삼아 심오한 진실을 향한 길을 발견하는 사람이다. 매혹적인 진실을 덮고 있는 베일을 걷어내는 사람이다."

과학자를 정의하는 건 탁월한 수학 능력보다 정신적 기질, 뚜렷한 호기심입니다. 그렇지만 어원을 살펴보면 지식을 뜻하는 라틴어 'scientia'에서 유래한 '과학'이라는 말과, 학습을 뜻하는 고대 그리스어에서 따온 수학이라는 말이 연관됐다는 것을 알 수 있지요.

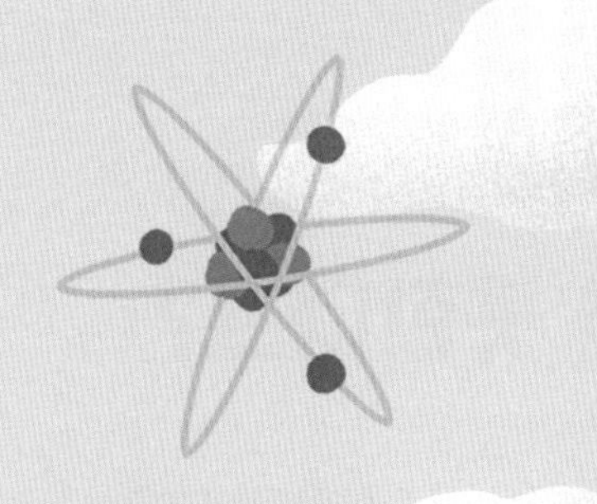

다양한 분야

과학은 다양한 분야로 구분됩니다. 먼저 형식적 과학이 있습니다. 명제와 추리를 바탕으로, 실험해서 확인하는 과정은 거치지 않는 수학이나 논리학이 여기에 해당합니다. 또 실험적 과학이나 경험적 과학이라는 것도 있습니다. 물리학, 화학, 생명과학과 지구과학, 의학이 그렇습니다. 수학의 도움을 받아 다양한 현상들 사이의 관계를 설명해 주는 '법칙'이나 일관된 상관 관계를 확립하는 것을 목표로 삼지요. 이런 연구들은 실험을 해서 입증합니다. 마지막으로, 심리학, 사회학, 역사학, 언어학, 정치학 등과 같은 인문과학이 있습니다. 여기에는 수학이 거의 쓰이지 않거나, 심지어 아예 안 쓰이기도 합니다.

그렇다면 수학이냐 아니냐, 그것이 문제로다! 이에 대한 답은 분야에 따라 다릅니다! 수학의 온갖 양식(산수, 기하, 대수, 해석, 통계, 확률 등)은 물리학자와 화학자 들에게 아주 유용합니다. 예를 들면 천체물리학, 공학, 열역학 분야에서 말이죠. 반면, 인문과학 전문가들(문학 교수, 언어학자, 역사학자, 사회학자 등)은 수학을 덜 사용합니다.

학교에서 사라진 수학

프랑스에서는 2019년부터 고등학교 학제를 개편하면서 고등학교 1학년부터 수학이 일반 공통 과정에서 사라졌습니다. 수학을 잘 하는 학생들은 수학 '전공'을 고를 수가 있고, 수학을 싫어하는 학생들은 수학을 관둘 수 있게 된 것이죠. 그렇지만 주의해야 합니다. 상당수의 대학 교육 과정을 받을 때 수학을 반드시 이수해야 하진 않더라도, 이 반대 역시 참입니다. 공학대학이나 의학대학에서는 수학에 관한 상당한 지식을 요구하기 때문입니다.

플로랑스 앵뷔제

30

여자는 수학을 못한다고?

이 주장을 뒷받침하는 연구는 얼마나 정확할까요?
'남자에게 적합한' '남성적인' 분야라고들 하는 선입견은
과연 얼마나 강력할까요?

'여자들은 확실히 수학을 못한다니까!' 이런 인식은 아직까지도 널리 퍼져 있습니다. 수학 분야의 노벨상에 해당하는 필즈 상을 수상한 여성은 몇이나 될까요? 2014년 딱 한 명입니다. 여성들은 수학 수업에서 상위권을 차지하고 있을까요? 자연과학을 전공하는 여성의 수는 몇일까요? 과학 분야 직업인 가운데 여자가 얼마나 있을까요? 통계 사례는 많습니다. 모두들 여성은 수학을 못한다는 걸 보여 주네요. 통계가 그렇다고 하니 더 보탤 것도 없겠지요. 과연 정말일까요?

여기까지 읽고 여러분이 분노하기 전에, 심호흡을 하고 나머지를 마저 읽어 보세요. 실제로는 여성이 수학을 못한다고 말할수록, 여성은 점점 더 못하게 되는 것입니다. 이를 두고 '사회적인 선입견'이라고 하며, 이 선입견이 발휘하는 힘이 가장 강력합니다. 말하자면, 수학은 여성의 영역이 아니라고 하는 일반적인 담론에 무의식적으로 설득당한 많은 여성들이 수학 분야를 피합니다. 그래서 수학적인, 보다 전반적으로는 과학적인 문제를 마주하면, 여성들은 고민을 해 보지도 않고 꼬리를 내리고 떠날 수도 있습니다. 머릿속에 선입견을 받아들이고 있기 때문입니다.

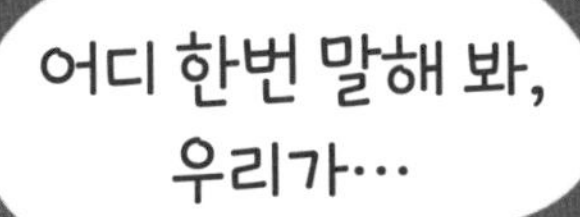

히파티아(Hypatia)
수학자이자 천문학자. 알렉산드리아에 있는 신플라톤학파의 수장.

에미 뇌터(Emmy Noether)
뇌터의 정리를 창시한 수학자. 아인슈타인이 천재라고 칭송함.

… 제대로 혼쭐을 내 줄 테니까!

캐서린 존슨(Catherine Johnson)
수학자이자 나사(NASA)의 엔지니어. 그녀의 신뢰도 높은 계산 덕분에 인류가 달에 갈 수 있었음.

에이다 러브레이스(Ada Lovelace)
수학자이자 정보과학 분야의 선구적인 프로그래머.

기하인가, 그림인가?

연구자 두 사람이 다음의 사회심리학 실험을 통해 보여 주려던 것도 마찬가지였습니다. 파스칼 위게Pascal Huguet와 이자벨 레녜Isabelle Régner는 (초등 5학년과 6학년) 남자아이와 여자아이 들에게 연습 문제를 냈습니다. 기하학 문제라고 얘기하자 여자아이들은 문제를 푸는 데 실패했지만, 그림 문제라고 얘기했을 때는 문제를 푸는 데 성공했어요. 남자아이들은 어땠을까요? 정반대의 결과가 나왔습니다. 여기서 알 수 있는 것은 스탠포드 대학교의 두 연구자, 클로드 스틸Claude Steele과 조슈아 애론슨Joshua Aronson이 '선입견의 위협'이라 말한 현상입니다. 어느 집단에 널리 퍼져 있는 선입견 때문에 생겨난 일종의 장애물입니다. 이런 선입견을 받아들인 희생자는 불안감과 실패할지도 모른다는 두려움을 겪게 되고, 이런 감정으로 인해 실제로 실패하게 됩니다. 개인의 역량과는 무관하게 말이지요.

선입견의 힘

성차별주의자들에게 맞설 때면 한층 더 명백한 과학적인 증거가 필요합니다. 위게는 신경과학자인 안젤라 시리귀Angela Sirigu와 함께 대뇌 피질을 연구했습니다. 수학 문제를 풀 때 선입견의 위협이 작용하면 여자아이들의 뇌는 평소와 똑같이 활동하지 않았죠. 감정을 관장하는 안와 전두 피질이 과열되며 문제를 푸는 데 실패합니다. 실험에 앞서 '여자아이와 남자아이는 문제 풀이에 똑같이 성공한다.'라고 할 경우, 남자아이들의 뇌 활동을 관찰해 보면 한 영역에서 문제점과 반박을, 다시 말해 무언가 비정상적인 것을 발견하는 것으로 드러났습니다. 젠더 스테레오타입이 힘을 발휘하는 겁니다.
대학에서도 인문학 계열 전공자의 70퍼센트는 여성인 반면, 자연과학 계열에서는 40퍼센트가 채 되지 않습니다. 스테레오타입의 위협은 강력합니다. 그래서 (분명히) 남자아이들과 같은 능력을 지닌 여자아이들이 수학을 접했을 때 일종의 부정적인 반응을 드러내고, 나아가서는 거부하는 일이 종종 일어나는 겁니다.

알렉상드르 마사

31

사람은 물 위를 걸을 수 없다고?

몇몇 동물은 물 위를 걷는 능력을 과시합니다.
하지만 인간이 따라 하려면 특별한 능력이 필요하겠죠?
달로 이주하지 않는 이상 말입니다!

부력[38]이 있다고 해도 물이 얼지 않는 한 예수처럼 물 위를 걷는 일은 어려울 것입니다. 그렇지만 어떤 곤충은 이 기적을 행하는 능력을 가지고 있지요. 소금쟁이 다리 여섯 개와 가벼운 무게가 결정적인 역할을 해 줍니다. 깃털처럼 가벼운 무게(10~20g), X자 모양으로 난 다리가 물 위에서 안정적으로 떠 있도록 해 줍니다. 다리에는 아주 가느다란 털이 무수히 돋아 있어서, 물에 닿았을 때 접촉 면적을 현저히 증가시킵니다.

이게 전부가 아닙니다! 널리 알려진 물의 '표면 장력'에도 비밀이 숨어 있습니다. 물 한가운데에는 모든 물 분자가 동일한 물 분자들에게 둘러싸여 있습니다. 그렇지만 표면에 있는 물 분자는 옆쪽과 아래쪽에만 물 분자가 붙어 있습니다. 따라서 평평한 표면에 있으면 물 분자는 다른 곳에 있을 때보다 에너지를 더 많이 사용할 수 있어요. 그래서 표면의 물 분자는 액체의 다른 부분보다 약간 더 저항력이 강한 얇은 막을 형성합니다.

---

38) 물체를 물에 담그면, 물체와 같은 부피와 무게에 해당하는 물이 아래에서 위로 수직으로 미는 힘을 발휘한다.

소수성 물질

나아가 소금쟁이와 같은 일부 곤충류는 다리 끄트머리에서 '소수성' 물질을 분비합니다. 이는 기름과 같이 물을 '밀어내며', 물을 단절시키지 않으며 형태를 변형합니다. 물의 표면 장력으로 압력이 가해지면서 물 표면 일부가 움푹 패여 가벼운 동물이 위에 뜰 수 있게 됩니다.

'예수 도마뱀'이라고도 부르는 깃털 바실리스크Basilicus plumifrons처럼 보다 무거운 동물들은 가라앉지 않기 위해 물 표면을 달려가야 합니다. 이 도마뱀의 발 뒤쪽에는 물갈퀴가 달려 있어, 물에 빠지지 않게 받쳐 주는 공기 쿠션을 만들어 냅니다. 물론 쉬지 않고 달렸을 때의 일이지요!

인간은 이 동물들을 참고해서 물 위를 걸을 수 없을까요?
중력이 더 약하기만 하다면, 못 할 이유가 있을까요?

달 산책?

인간이 이 동물들을 참고해서 물 위를 걸을 수 없는 걸까요? 중력이 더 약하기만 하다면야, 못 할 이유가 있을까요? 2012년[39], 연구자들은 인간이 간단한 오리발만 착용하면 물 위를 걸을 수 있다는 것을 증명했습니다. 달 위에서라면요. 지구의 중력은 9.8미터 퍼 세크 제곱(m/s^2)인 반면, 달의 중력은 $1.622m/s^2$입니다. 그러니 달 위에 가면 우리 무게가 6배는 더 가벼워져요.

반대로 푸른 별 지구 위에서는 계산해 본 결과 우사인 볼트만큼 37.58킬로미터 퍼 아워(km/h)로 빨리 달려야 하며 각 발의 면적이 0.5제곱미터여야(이 정도면 한 쪽 발끝으로 보디 보딩이 가능한 수준입니다!) 뜰 수 있다고 합니다. '평범한' 발로 물 위에 뜨려면 현실적으로 가능성이 없는 110km/h로 달려야 합니다!

플로랑스 앵뷔제

39) journals.plos.org/plosone/article?id=10.1371/journal.pone.0037300

나를 '예수'라고
불러라.
미세한 털로
덮인 발.
발끝에서 분비되는
약간의 기름.

32

벼락은 절대로 같은 곳에 두 번 떨어지지 않는다고?

**뇌우와 벼락에 관한 여러 선입견이 떠돕니다.
진실과 거짓을 밝혀 봅시다.
뇌우가 점점 더 늘어나기 전에 말이죠!**

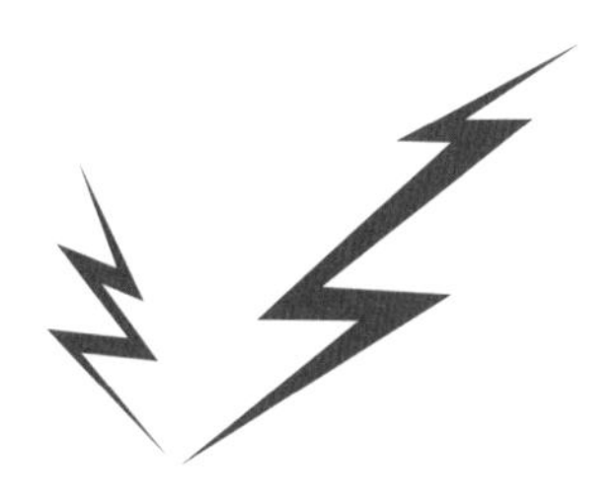

'벼락은 두 번 치지 않는다.'라는 속담과 달리 벼락이 같은 곳에 두 번 떨어지는 일도 종종 있습니다. 예를 들어, 피레네산맥에 있는 피크 뒤 미디Pic du Midi는 강한 벼락이 떨어지는 지역입니다. 일 년에 평균 네 번의 벼락을 맞는 에펠탑처럼요! 그런데 왜 그럴까요? 벼락 탐지 기관 메테오라주Météorage에 따르면, "아주 높은 곳에 있는 구조물은 '봉우리 효과'라고 하는, 국지적인 전기장을 자연스럽게 증폭시키는데, 이것이 바로 벤저민 프랭클린Benjamin Franklin이 고안한 피뢰침에 적용된 원리."라고 합니다.

아래로 떨어지는 선도낙뢰와 위로 올라가는 귀환낙뢰

번개는 땅을 향해 내려올 수도 있고(선도낙뢰), 구름을 향해 올라갈 수도 있다고(귀환낙뢰) 합니다. 구름과 땅 사이에 생겨나는 번개의 대부분은 구름(적란운) 안에서 생성되어 땅 쪽으로 전달됩니다. 그렇지만 뇌우가 있을 때는 봉우리 효과가 상당해져서 구조물 꼭대기에서 전기가 방전되어 구름 쪽으로 전달되기도 합니다.

벼락은 대체 어디로 떨어지나요?

지구의 일부 지역은 뇌우가 잘 생겨나지 않는데 특히 사막과 극지방이 그렇습니다. 반면 또 어떤 지역은 벼락이 유독 잘 떨어지기도 합니다. 프랑스의 님Nîmes은 캉페르Quimper에 비해 평균적으로 30배 이상 벼락이 더 많이 치는 지역에 해당됩니다.

벼락은 두 가지 요인, 높이와 물체의 전도성이 필요합니다. 높은 지대에서는 종탑이나 나무처럼 돌출되어 있거나 수직으로 선 물체와 금속 같은 전도성 물체가 벼락을 많이 유인합니다.

그렇지만 안전한 곳도 없습니다. 벼락은 물웅덩이처럼 예기치 못한 곳에 떨어질 수도 있으니까요. 하늘에 먹구름이 조금이라도 낀다면, 번개까지 친다면, 숨을 곳을 찾고 전도성 있는 물에서 멀리 떨어져야 합니다. 그다음 어떻게 몸을 보호하면 될까요? 달리지 말고 차분하게, 끝부분이 뾰족한 금속으로 만들어진 우산은 들지 않은 채 건물 안으로 가거나, 건물이 없다면 자동차 안으로 들어갑니다. 자동차는 '패러데이 새장(전기 장해를 막는 실내 공간)' 역할을 해 주기 때문입니다. 집에서는 전자 기기를 사용하지 않습니다. 전자 기기의 전원을 차단하고, 목욕이나 샤워는 삼가며 폭풍우가 지나가기를 기다립시다.

매년 프랑스에서는 약 100명의 사람들이 벼락을 맞고, 15~25명이 벼락 때문에 사망합니다. 그렇지만 살면서 벼락을 맞을 확률은 아주 낮습니다. 백만 분의 일 정도입니다.

플로랑스 앵뷔제

33

인내심이 없으면 수학을 못한다고?

수학은 학창 시절 내내 우리 대부분을 괴롭게 했습니다. 일부는 수학을 그다지 이해하지 못한 채로 졸업했지요. 따분한 수학! 대체 어디에 쓸모가 있을까요?

그래요. 설령 모든 사람들이 수학을 좋아한다는 얘기를 듣더라도 여러분은 그 말을 썩 믿진 않을 겁니다. 여러분은 수학이 어렵다고 느끼는 대다수 가운데 한 명이니까요! 달리 말하자면, 여러분이 수학을 잘하지 못한다는 소리겠죠. 약삭빠른 사람들은 수학을 하도 피해 다니는 바람에 수학이 대체 어디에 쓰이는지 모를 정도라고 얘기합니다. 우리가 수학을 싫어하고 못하는 건 언제나 선생님들 잘못이라고 말이죠. 자, 이렇게 말하는 게 피타고라스의 정리보다 훨씬 쉽죠.

수학의 서정성

숱한 중학생들을 자리에서 벌떡 일으켜 세울 만한 서정성을 수학에서 끄집어내기란 어렵습니다. 그렇지만 유별나기로 유명한 2010년 필즈 메달 수상자 세드릭 빌라니Cédric Villani는 자신의 책 『살아 있는 정리』(2012)에서 이렇게 얘기합니다. "본질적으로 나는 바람 속에 있다. 아이들이 신이 나서 크리스마스 선물을 열어 보는 동안, 나는 전나무에 공을 매달듯 지수를 함수에 매달며, 거꾸로 늘어뜨린 촛불처럼 계승을 늘어놓는다."

프랑스 학생들의 수학 실력은 아주 많이 낮습니다. 교육부 설문 조사에 따르면,

초등학생의 54퍼센트가 수학 지식이 부족합니다. 학생들 4명에 1명꼴로 뺄셈할 때 받아내림을 하는 법을 모릅니다. 뺄셈을 넘어서 계승, 지수, 함수 등의 소리를 들으면, 정신이 아찔하신가요? 그렇지만 수학의 재미는 전부 이런 곳에 있어요. 따분함을 떨쳐 버려야 합니다.

수학은 어디에나 있어

그래서 실험적인 교육에 뛰어들거나 수학의 즐거움을 널리 보급하는 단체를 중요하게 생각하는 연구자와 수학 선생님 들이 많습니다. 유럽에서 수학을 가장 못하는 민족이라고 소문난 프랑스인들이 바라는 게 바로 이런 겁니다. 2017년 프랑스인과 수학의 관계에 대한 조사에 따르면, 학생들이 수학을 쉽게 배우도록 해결책을 떠올릴 때면, 프랑스인들은 보다 구체적인 방법을 중시한다고 합니다(65퍼센트). 추상을 벗어나 구체적이고, 또 구체적인 사례 말입니다.

그리고 참가자 두 사람 가운데 한 사람은 수학에 관한 기억이 부정적이었지만('스트레스를 받았다' '어려웠다' '좌절했다' 등), 수학은 국어(프랑스어) 다음으로 사람들이 두 번째로 좋아하는 과목이기도 합니다. 그러니 수학 수준은 얼마든지 높일 수 있고, 모든 이들을 수학의 세계로 불러들일 수 있습니다. 각자에게 맞는 해결책을 찾아볼 수 있을 테고요. 수업에서 쓸 수 있는 적극적인 교육법을 더 개발하고, 싱가포르의 교육법을 참고하고, 초등학교 선생님들을 더 잘 훈련시키고(대부분 문과 출신이니까요), 목표를 수정하는 등 말입니다. 한마디로 어느 누구도 수업을 지루하게 느끼지 않도록 수학을 더 재미있게 만들자는 거죠!

알렉상드르 마사

34

구름은 액체, 고체, 기체 중 무엇일까?

**구름은 수증기로부터 만들어지는 것이라 하지만,
실제로는 작은 물방울과 얼음 결정으로 이뤄져 있습니다.
안 그러면 우리 눈에 보이지 않을 테니까요!**

솜털 같은 모양새의 구름은 수증기로 이뤄져 있을 것만 같습니다. 그렇지만 사실은 다릅니다. 수증기는 눈에 보이지 않는 기체입니다. 그러니 만약 구름이 이런 기체 상태의 물로만 이뤄져 있었다면 우리 눈에 보이지 않았을 겁니다.
그렇지만 수증기에서 시작해서 구름이 만들어지는 것은 맞습니다. 지표면과 바다 표면에서 생겨나는 수증기와 생물계에서 증발하는 수증기로 말입니다. 고도가 높아지면 기압과 기온이 낮아지며 수증기가 고체 입자(바다 소금 결정, 모래 알갱이, 먼지, 오염물질 등) 주위로 응결합니다. 그러면 수증기는 아주 미세한 물방울이나 얼음 결정으로 바뀝니다. 이것들이 바람에 떠밀려 모이면 구름을 만듭니다.

변신하는 물

작은 물방울과 얼음 결정이 공기가 '실어 나르기에는' 너무 무거워지면 아래로 떨어집니다. 그러면 기온에 따라 비가 오거나, 눈이 내리거나, 우박이 떨어집니다. 이렇게 내린 것들은 평야로 흘러가며, 지하수가 됩니다.

지구의 물은 한정되어 있고, 끊임없이 순환합니다.
사라지지도 않고, 새로 생겨나지도 않지요.
형태가 변할 뿐입니다.

이렇게 물은 액체, 고체, 또는 기체 상태로 지표면을 지나며 순환합니다. 바다, 대기, 호수, 개천, 지하수, 빙하를 따라서요.
지구의 물은 한정되어 있고, 끊임없이 순환합니다. 물은 사라지지도 않고, 새로 생겨나지도 않습니다. 형태가 변할 뿐입니다. 태양 에너지가 물의 상태를 응결, 증발, 융해 등으로 바꿔 줍니다.

얼음 결정

나아가, 구름을 구성하는 성분은 유형과 고도에 따라 달라집니다. 그래서 대류권 상부(대기권의 아래쪽 고도 15킬로미터 이하)에 속하며 고도 5,000미터 이상에서 만들어지는 구름인 권운, 권층운, 권적운은 주로 얼음 결정으로 이뤄져 있습니다.
반면, 대류권 하부에 해당하는 고도 2,000미터 이하에서 만들어지는 난층운, 층적운, 층운은 액체 상태의 물방울을 주로 함유하고 있으며, 기온이 낮을 때는 얼음 결정과 눈송이가 들어 있는 경우도 있습니다.
그런데 구름이 수증기로 만들어진 게 아니라면, 어째서 밑으로 떨어지지 않는 것일까요? 이는 구름을 이루는 성분이 공기보다 가볍기 때문이 아니라, 구름을 높이 머무르게 해 주는 대기 역학 체계 덕분입니다.

플로랑스 앵뷔제

35

빙하가 녹으면 해수면이 상승한다고?

**지구 온난화로 해수면이 상승하고 있습니다.
그렇지만 사실 북극에 있는 빙산과는
아무런 관련이 없다고 합니다.**

인공위성 관측 결과, 1992년 이래로 바다의 높이가 높아진다는 사실이 확인되었습니다. 몇몇 연구는 2100년까지 해수면이 1~3미터 높아질 수도 있다고 하지요. 해수면이 높아지는 주요 원인 두 가지는 다음과 같습니다. 대륙(남극과 알프스, 안데스 등) 빙하가 녹는 것, 물의 열팽창 때문입니다. 그렇지만 바다를 떠다니는 빙산이 녹는 것은 여기에 해당되지 않습니다.

왜 그럴까요? 겨울에 바닷물이 얼어서 만들어진 빙산은 물 위에 떠 있으며, 대부분은 물 아래에 잠겨 있습니다. 빙산이 녹는다 한들, 바다의 높이는 달라지지 않습니다. 반면 오랜 시간 눈이 쌓여 땅 위에 드넓게 만들어진 대륙 빙하가 녹으면 바다 바깥에 갇혀 있던 물이 바다로 흘러들어 갑니다. 그 결과 바닷물의 양이 늘어나 해수면이 높아집니다.

남극에는 육지 빙하의 90퍼센트가 있다

대중 과학 프로그램인 '우린 그저 기니피그일 뿐이다'(채널 프랑스5, 2015년 방영)에서는 이 현상을 증명하고자 150킬로그램이 넘는 얼음 덩어리 2개를 녹였습니다. 물에 잠겨 있는 한 덩어리는 빙산에, 시멘트 바닥 위에 올려둔 다른 한 덩어리는 빙모(정상이나 고원을 덮은 돔 모양의 영구 빙설)에 해당했습니다. 실험 결과, '빙산' 얼음 덩어리가 녹았을 때는, 물통 속 물의 높이가 변하지 않았습니다. 반면, 물 위로 솟아 있는 땅의 '빙모' 얼음이 물이 되었을 때는 물의 높이가 높아졌습니다. 전문가들의 예측으로는, 남극(육지 빙하의 90퍼센트가 자리 잡은 남극점의 새하얀 대륙)과 그린란드의 빙하가 모두 녹을 경우, 해수면은 70미터나 높아질 것이라고 합니다!

남극과 그린란드의 빙하가 모두 녹는다면,
해수면은 70미터나 높아질 것!

열팽창

해수면이 높아지는 또 다른 원인으로 열팽창이 있습니다. 물은 온도가 높아지면 팽창하며 부피를 더 많이 차지하는데요. 2019년 IPCC(기후 변화에 관한 정부 간 협의체)가 해양과 빙하권에 관해 발표한 특별 보고서[40]에 따르면, 온실가스 배출량이 계속해서 크게 증가할 경우, 21세기 말에는 수면이 60센티미터에서 1.1미터까지 증가할 수 있다고 합니다.

플로랑스 앵뷔제

---

40) report.ipcc.ch/srocc/pdf/SROCC_FinalDraft_FullReport.pdf

36

아라비아 숫자는 아랍 사람들이 만들지 않았다고?

아라비아 숫자는 아랍인이 아니라 인도인이 만들었다는 것만큼 확실한 건 없습니다. 그렇다면 왜 아라비아 숫자라고 부르는 걸까요?

0, 1, 2, 3, 4 … 9. 오늘날 일상적으로 사용하는 10진법은 누가 발명한 것일까요? 아라비아 숫자는 아랍인들이 만들어 낸 것이라고 오랫동안 여겨져 왔습니다. 사실 이 숫자들은 인도에서 탄생했는데도요! 우리가 쓰는 수 체계의 원형은 기원전 4세기, 브라흐미 기수법과 함께 인도에서 등장했습니다.

그 뒤로 인도와 스페인, 북아프리카를 아우르는 아랍-이슬람 문화권에서 수 체계를 받아들였지요. 9세기 무렵부터는 전 세계로 퍼져나가게 되었는데, 여기에는 수학자이자 천문학자인 알 콰리즈미Al-Khwârizmî, 790~850의 공이 큽니다. 우즈베키스탄 출신으로 바그다드에 거주하던 이 학자는 인도에서 관찰한 십진법 체계를 *『인도식 계산법에 따른 덧셈과 뺄셈에 관한 책』*에 기록했습니다. 이 책은 중동 지역과 코르도바 칼리파국(이베리아 지역의 이슬람 국가)에 수 체계를 전파하는 매개가 되었습니다.

나아가 알 콰리즈미의 이름을 라틴어로 표기한 것이 '알고리즘'이라는 말의 어원이 되었으며, 그가 집필한 책들의 제목 가운데서 '대수'라는 말이 나왔습니다. 또 '0'을 뜻하는 'chiffre(숫자)'라는 말은 'sifr(비어 있다는 뜻)'라는 아랍어에서 따온 것이며, 이 아랍어는 인도어의 'sunya'에서 유래됐습니다.

로마 숫자에서 아랍 숫자로

수학자이자 천문학자인 제르베르 도리악Gerbert d'Aurillac, 940~1003은 인도-아랍 숫자를 전수받은 것으로 보입니다. 1000년 무렵에 실베스테르 2세라는 이름으로 교황 자리에 오른 이 학자는 수를 바탕으로 기독교 세계의 기준을 확립했으며, 숫자가 코르도바에서 전해졌다는 점에 착안해 '아라비아 숫자'라는 이름을 붙였던 것으로 보입니다. 또 다른 주장에 따르면, 아랍의 수학이 서양에 전파될 수 있도록 촉구한 사람은 이탈리아 수학자 레오나르도 피보나치Leonardo Fibonacci, 1175~1250였을 거라고 합니다. 이 두 학자 모두 아랍 숫자라고 부르는 것을 대중에게 퍼뜨린 주요한 작품을 남겼습니다.

아라비아 숫자는 중세 서양에서 조금씩 전파되며 몇 세기에 걸쳐 받아들여졌습니다. 계산하는 데는 거의 쓰이지 않았던 로마 숫자(Ⅰ, Ⅴ, Ⅹ, L, C, D, M)를 점차 대체하며 전 세계에 알려졌지요. 아라비아 숫자는 서양에서 쓰는 십진법에 딱 맞는 기호였으며, 크고 복잡한 숫자 계산도 쉽게 해 줬습니다.

우리가 지금 알고 있는 숫자 표기법은 초기의 모습과는 많이 다릅니다. 여러 세기가 흘러 오면서 형태가 바뀌었고 다듬어졌습니다. 단일한 체계가 받아들여진 것은 상업이 비약적으로 발달한 르네상스 시대에 접어들면서였습니다.

플로랑스 앵뷔제

37

지구의 맨틀은 용암이 녹아 만들어졌다고?

많은 사람이 지구의 핵과 지각 사이의 중간층인 맨틀이 액체 상태로 용해된 용암이라고 생각합니다. 틀렸습니다!

우리는 엉뚱하게도 지구 표면 아래쪽은 화산의 원천인 마그마가 녹은 그대로 이뤄져 있다고 생각하고는 합니다. 우리가 사는 지구 깊이 내려가면 뜨거운 것은 사실이지만, 대부분은 고체 상태입니다. 물질이 녹지 못하도록 압력이 방해하기 때문이지요(깊이 내려갈수록 온도가 높아지지만 압력도 거세집니다)!

그렇다면 마그마는 정확히 어떻게, 어디서 생겨나는 것일까요? 마그마는 맨틀 안에서 생겨납니다. 맨틀은 지구의 지각(5킬로미터 두께인 해양 지각에서 70킬로미터인 대륙 지각까지 다양함)과 핵(지구 안쪽으로 2,885킬로미터 깊이에 있음) 사이에 존재합니다. 맨틀은 지구 부피의 82퍼센트를 차지하며, 감람암으로 이뤄져 있고, 두 부분으로 나뉩니다. 위쪽에 있는 상부 맨틀(지표면 아래 5~70킬로미터부터 700킬로미터까지)과, 아래쪽에 있는 하부 맨틀입니다. 마그마가 생겨나는 곳은 상부 맨틀인데요. 마그마는 지표면의 약 100킬로미터 아래 이곳저곳에서 만들어집니다. 이 깊이의 맨틀이 일부 녹아 생겨나며, 용해된 암반으로 이뤄집니다. 여기서 압력을 받은 암반은 이따금씩 몇 세제곱킬로미터 규모의 마그마 덩어리를 이루게 됩니다. 부분적인 용해가 주로 일어나는 지역은 대양의 해령, 섭입대, 온도가 높은 구역입니다.

마그마는 온도가 높아서 지각보다 더 가볍기 때문에, 통로 역할을 하는 단층을 통해 부력에 의해 위로 올라오려고 합니다. 때로는 지표면까지 올라와 화산을 만들어 내지요.

마그마는 대부분 현무암으로 이뤄져 있지만 성분은 다양할 수 있습니다. 실제로 땅 아래를 이동하다가 지표면으로 올라와 화산을 만들기 전까지는, 아주 오랜 기간 마그마굄(녹는 용암이 고여 열에너지를 공급하는 상태)에 쌓여 있을 수 있습니다. 따라서 물리화학적 현상으로 구성 성분이 바뀔 수 있습니다.

플로랑스 앵뷔제

*『화산학Volcanologue』『라르마탕L'Harmattan』(2017)의 저자이며
블로그 '화산 마니아Volcanmania'[41]를 운영하는 화산학자이자
파리-사클레Paris-Saclay 대학교 교수 자크-마리 바르당제프Jacques-Maris Bardintzeff 씨께
감사의 말씀을 드립니다.*

---

[41] blogs.futura-sciences.com/bardintzeff

38

피타고라스 정리는 피타고라스가 발견한 게 아니라고?

**다들 기하학의 유명한 정리 두 가지는 알고 있겠지요.
하지만 원작자 논란이 있다는 사실은 비교적
덜 알려져 있습니다. 설명을 들어 볼까요?**

그리스의 학자 탈레스와 피타고라스의 이름을 들으면 분명 중학교 수학 시간이 어렴풋이 떠오를 겁니다. 두 사람의 이름이 붙은 정리를 놓고 머리를 싸맸을 테니까요. 그런데 사실은 탈레스와 피타고라스가 각 정리의 실제 원작자가 아닐 수도 있습니다!

이 피라미드의 높이는 얼마일까요?

기원전 약 625년에 태어난 탈레스는 해상 무역으로 부를 쌓은 뒤, 학문에 전념하기로 결심합니다. 특히 기하학과 삼각형에 열중하지요. 그렇게 해서 서로 '닮은' 삼각형, 즉 형태는 동일하나 크기는 다른 삼각형들의 변 사이에 비례 법칙이 성립한다는 것을 증명합니다. 이것이 그 유명한 탈레스의 정리입니다.[42]
그의 발견 덕분에 탈레스는 이집트인들에게 강한 인상을 남길 수 있었습니다. 파라오의 초대를 받아 고대 쿠푸 왕의 피라미드 둘레를 발로 가늠한 다음, 피라미드의 높이를 계산한 것으로 유명하지요(이집트인들은 피라미드를 건설하기는 했지만 높이를 계산할 줄 몰랐습니다). 이미 높이를 알고 있는 막대기를 수직으로 세워 두고, 그 그림자를 피라미드의 그림자를 바탕으로 추론했습니다.
그렇지만 탈레스는 다양한 연구를 문자 기록으로 남기지 않았습니다. 삼각형 내부에 밑변과 평행한 직선을 그으면 이 평행선이 분할하는 변들 사이에 비례 관계가 성립한다는 사실을 증명하고 기록했던 수학자는 알렉산드리아에 살고 있던 그리스 출신의 유클리드(B.C. 약 300)입니다. 이는 삼각법의 기초를 이루지요.

"모든 것은 숫자다." 이것이 현대 과학의 기초를 탁월하게 내다본 피타고라스의 신조였습니다.

모든 것은 숫자다

그렇다면 피타고라스를 둘러싼 원작자 논란은 탈레스보다 사정이 나을까요? 그 반대입니다. 피타고라스의 정리[43]는 고대 기하학자들 사이에서 이미 알려져 있었으며, 이들은 이 정리를 활용해 건물을 직각으로 건축했습니다. 소크라테스 이전 시기의 철학자인 피타고라스(B.C. 약 580~495)가 피타고라스의 정리를 발명한 것은 아니지만, 이 정리를 상당히 발전시켜 많은 사람이 접할 수 있도록 했습니다. 대신 피타고라스는 물리적인 현상을 수학적인 언어로 표현할 수 있다는 것을 최초로 언급한 인물인데요. "모든 것은 숫자다." 이것이 피타고라스의 탁월한 신조였습니다.
안타깝게도 천 년 전에 중국과 바빌로니아 제국에서 통용되던 수학 이론에 자신의 이름을 남긴 이 기원전 6세기의 그리스 학자에 관한 기록은 더 이상 남아 있지 않습니다.

플로랑스 앵뷔제

---

42) 한 삼각형의 어느 한 변과 평행한 직선을 긋고, 나머지 두 변과도 평행한 직선을 그어 새로운 삼각형을 만들면, 이는 첫 번째 삼각형과 상사 변환으로 대응한다(한 삼각형의 세 변의 길이는 다른 삼각형의 세 변의 길이와 비례한다).

43) 직각삼각형의 빗변의 길이를 제곱한 값은 다른 두 변의 길이를 제곱한 값과 동일하다.

음식

39

시금치를 먹으면 튼튼해진다고?

뽀빠이처럼 힘이 세지고 싶으면 시금치를 먹으라고요?
아쉽게도 파인애플 추출물이 지방을 태운다거나
아보카도가 나쁘다고 하는 그런 주장은 틀렸습니다.

시금치는 철분을 가장 많이 함유한 식품일까

시금치는 철분이 가장 풍부한 식품 혹은 좋은 철분을 함유한 식품과는 거리가 멉니다. 사실 채소에서 나오는 철분은 인체에 잘 흡수되는 편이 아니거든요. 채소에 들어 있는 '비헴철'에 비해 인체에 잘 흡수되는 '헴철'이 들어 있는 것은 육류의 내장 부위, 붉은색 고기, 생선, 굴입니다.

채소 중에서도 시금치의 철 함량 순위는 뒤로 밀려나 있습니다. 100그램당 철분이 3밀리그램 이하인 시금치보다, 타임(100g당 >80mg), 커민(100g당 >60mg)이나 커리와 같은 향신료, 렌틸과 같은 콩류, 신선한 파슬리 같은 향채에 철분이 더 많거든요.

시금치
난 명불허전이지.

파인애플이 지방을 태운다

파인애플이 셀룰라이트를 없애 지방을 태운다는 주장도 음식에 얽힌 루머 중 하나죠. 아보카도가 나쁘다는 주장도 마찬가지입니다. 귤껍질 피부를 해결할 만한 가장 강력한 상대가 과연 파인애플 말고 또 있을까요? 파인애플에 들어 있는 브로멜라인 성분은 싱싱한 파인애플 줄기에서 추출하는 프로테아제(효소)로서, 셀룰라이트를 없애고 평소 몸무게를 유지하도록 도와주기도 합니다. 그러나 정확한 증거를 보여 주는 과학적 연구는 전혀 없습니다.

2012년 유럽의 보건 전문가들은 브로멜라인이나 파인애플 추출물을 함유한 영양 보충제는 건강과 관련된 효능을 보장할 수 없다고까지 밝혔습니다. 그렇지만 과일과 채소를 먹는 평범한 다이어트를 할 때라면야 파인애플을 얼마든지 먹을 수 있겠지요.

가능한 한 신선하면서도 가까운 지역에서 재배한 제철 과일을 먹는 것이 이상적!

아보카도는 자주 먹으면 안 된다

정말일까요? 멕시코에서 온 아보카도는 100그램에 164칼로리로, 대부분의 과일보다 칼로리가 높은 것이 사실입니다. 하지만 그렇다고 해서 식탁에 올리지 않는다면 안타까운 일이겠죠. 아보카도의 핵심 에너지원은 아보카도에 들어 있는 지질입니다. 대부분 단일 불포화 지방산으로 심혈관계가 잘 작동하도록 돕지요. 또 식이섬유와 비타민 B9(엽산)도 풍부해서 여성들에게, 특히 임신 중인 여성들에게 좋습니다. 그러니 얼른 아보카도의 명예를 회복시켜 줘야겠죠. 무엇을 먹든 신선하면서도 가까운 지역에서 온 제철 과일을 먹는 것이 이상적이라는 사실만 명심해 두세요.

알렉상드린 시바르-라시네

40

초콜릿이 비만의 원인이라고?

초콜릿을 싫어하는 사람이 있을까요?
동시에 우리는 초콜릿을 해로운 식품으로 취급하기도 합니다.
그렇다면 초콜릿은 우리 몸에 이로울까요,
해로울까요, 둘 다일까요?

초콜릿은 100그램당 550칼로리 정도이며, 당질과 지질을 함유하고 있습니다. 그러니 너무 많이 먹으면 어쩔 수 없이 체중계가 멈추지 않을 겁니다. 프랑스인들은 1년 평균 7킬로그램의 초콜릿을 먹지만 이 정도면 괜찮습니다. 초콜릿을 과도하게 섭취하면 소화 불량이 생기는데요. 초콜릿에 식이섬유가 들어 있기는 해도, 우리를 화장실에 보낼 만큼 충분하진 않기 때문입니다. 오히려 부활절이나 크리스마스에 여러 가지 요리와 와인, 달콤한 디저트를 많이 먹으면 위장이 대가를 치르게 될 겁니다.

밀크 초콜릿보다 다크 초콜릿이 더 낫다고 할 만한 이유도 없습니다. 둘 다 에너지는 똑같이 내니까요. 오히려 다크 초콜릿에 지방이 더 많습니다. 물론 밀크 초콜릿에는 설탕이 더 많이 들어 있지만요. 지방이냐 설탕이냐, 선택은 여러분 몫입니다.

암기를 하고 우울증을 떨쳐내는 데 도움을 줄까?

초콜릿 한 판을 우걱우걱 먹을 만한 구실이야 항상 있지요. 초콜릿에는 강도 높은 노동을 할 때 도움이 되는 마그네슘이 있고, 트립토판도 있습니다. 트립토판은 상당히 어려워 보이지만, 알고 보면 세로토닌 합성에 도움을 주는 아미노산에 해당합니다. '행복' 호르몬이라고들 부르는 세로토닌은 여러 가지 생리적 활동을 조절합니다. 수면, 우울감, 공격성, 신경질 등입니다. 트립토판을 함유한 식품은 유제품부터 쌀, 육류까지 아주 많습니다.

초콜릿에는 강도 높은 노동을 할 때 도움을 주는 마그네슘과 트립토판이 들어 있습니다.

그렇지만 초콜릿을 자꾸 찾게 만드는 중독성 물질은 따로 있습니다. 바로 아난다미드입니다. 대마와 같은 카나비노이드 성분이며, 기분을 고취시키고 행복감을 불러일으키지요. 그래서 드물게는 중독을 일으키기도 합니다.
초콜릿의 또 다른 장점으로 내세울 만한 것은 노화를 늦추는 항산화 물질과, 뇌와 심장에 긍정적인 자극을 주는 테오브로민이 들어 있다는 겁니다. 그러니 중독될 정도로 과하게 먹지만 않는다면 초콜릿은 이롭습니다.

알렉상드르 마사

자, 계절성 우울증 치료제입니다. 밀크 초콜릿 세 판을 아침저녁으로 드시고요. 카카오 함량이 높은 다크 초콜릿을 이틀에 한 번 드세요. 가끔 초콜릿 사탕도 함께 섭취하시고요!
그리고 소화 불량을 방지하려면 까먹지 말고 물을 많이 드세요.
아…
감사합니다?
CHOCO
CHOCOLAT NOISETTE
NOIR EXTRA
NOIR EXTRA

당근을 먹으면 시력이 좋아진다고?

CURIEUX! NEWS
네!?
그게 무슨 말씀이시죠?
엄밀히 말하자면, 당근은 시력을 좋게 만들어 주지도 않습니다.
시력에 중요한 역할을 하며, 눈이 어둠에 적응하는 걸 도와주는 비타민 A의 전신 격이라 할 수 있는 베타카로틴이 당근에 함유된 것은 맞습니다. 그렇지만 근시에는 아무런 영향도 끼치지 않습니다.
론 알프스 지역: 화난 군중 트랙터 몰고 나와

그럼 우린… 평생 속고 살았다는 건가요?!
CURIEUX! NEWS
글쎄요… 아무튼 당근은 계속 드세요. 몸에 좋은 영양소가 많이 들어 있습니다.
그렇지만 이 말풍선 속 글씨를 읽기 힘드시다면… 안과 의사에게 진료를 받아 보세요! 오늘 저녁 뉴스는 끝입니다. 광고 주세요!
비겁한 음모 아닙니까?!
광고 보시죠!!
트랙터를 타고 달리며 도로에 바나나 껍질 투척해

42
커피를 멀리해야 할까?

커피는 좋을까요, 나쁠까요?
누구 말이 사실일까요?

커피 애호가를 위해 장점을 먼저 얘기할게요. 영국 사우샘프턴Southampton 대학교 연구팀이 관련 연구 200건을 메타 분석한 결과, 하루에 4잔까지는 마셔도 좋다고 권고했습니다. 왜일까요? 하루 카페인 섭취량이 400밀리그램 이하인 경우, 암과 당뇨병, 신경계 질환, 간 질환 발생 위험을 일부 감소시킨다는 사실이 분명하게 드러났거든요. 또 다른 연구는 심혈관계 질환 발생 확률을 줄이고, 신경 퇴행성 질환(알츠하이머와 파킨슨)을 막아 준다고 해요.

커피는 사랑스럽고 위험한 각성제

당뇨병에는 커피가 좋을 수 있습니다. 매일 커피를 4~6잔 마시면, 제2형 당뇨병 발병 확률이 30~50퍼센트 줄어들죠. 커피 속 클로로겐산은 포도당이 혈액 속으로 퍼지지 못하게 막거든요. 이 클로로겐산은 카페인과 무관해서, 디카페인 커피를 마셔도 효과는 같아요. 그렇다면 대체 어떤 이유로 커피를 미워하는 걸까요?

커피를 마시면 새벽에도 한낮처럼 깨어 있고 싶어지죠. 그럴 만해요! 카페인은 집중력에 뚜렷한 영향을 끼치는 각성제거든요. 게다가 수면 호르몬인 멜라토닌이 만들어지는 걸 막는데, 효과는 최소 6시간 지속됩니다. 밤 11시 전에 잠을 자려면, 오후 4~5시 무렵에는 커피를 그만 마셔야 해요. 커피를 많이 섭취하면 역효과가 난다는 점을 주의하세요. 자극이 과도하면 오히려 피곤해지죠. 카페인은 사람에 따라 가슴이 심하게 뛰는 심계항진증, 공격성 증대, 수면장애, 철분 부족 등을 유발할 수 있습니다.

알렉상드르 마사

자, 맛있는 카페라테가 나왔습니다, 손님!
아뇨, 이건 할로윈 스페셜 메뉴는 아닌데요. 왜 그러시죠?

43

지방은 우리의 적이라고?

기름진 음식은 한 입만 먹어도
그릇에 있는 지방이 배로 갈까 봐 겁이 납니다.

"지방이야말로 살아가는 이유!" 미식가들에게 해당되는 말일 것 같네요. 몸매를 신경 쓰는 사람들이라면 놀랄 만하죠. 그런데 영양학자들 역시 지방을 그다지 혹독하게 비난하지 않습니다. 지방은 실제로 우리 삶에서 빼놓을 수 없거든요! 지방은 여러 식품에 들어 있습니다. 여러 종류의 지방을 구분해야만 더 정확하게 알 수 있는데요. 지방에는 단일 불포화 지방산(지방산 구조에 한 개의 이중 결합이 있음), 다가 불포화 지방산(탄소의 이중 결합이 2개 이상으로 참기름이나 들기름, 콩기름 등 식물성 유지에 함유됨), 포화 지방산이 있습니다.
지방은 심혈관계와 비만 등 각종 질병을 불러일으킨다고 비난받아 왔는데요. 왜 일까요? 지나치게 높은 체질량지수(BMI)와 지방이 관련 있다고 잘못 주장한 연구 때문이었습니다. 오래전부터 과학자들은 사람들을 솔깃하게 하는 이 이론을 맹렬히 공격해 왔으나, 수포로 돌아가는 경우가 많았습니다.

에너지를 주는 물질

지질(분자)이라고도 하는 지방은, ANSES[44]가 강조하듯, 당질, 단백질과 함께 식품을 이루는 세 가지 핵심 구성 요소입니다. 에너지를 저장해 두고 공급하는 가장 중요한 기능을 맡았지요. 더불어 우리 몸의 세포에 필수적인 '구성' 역할도 맡았고요. 연어 같은 생선의 지방이나 유채유, 콩기름 등에 있는 오메가-3에 관한 연구는 오메가-3가 뇌가 제대로 작동하도록 도움을 준다는 것을 보여 줍니다.

지질은 여러 호르몬을 합성시키며, 암을 막아 주는 효과까지 있습니다.

이건 지방이 아니라 고기 요리야!

지방과의 전쟁 이후, 대중의 비만이나 심혈관계 수치가 감소했다는 것을 보여 주는 연구는 전혀 없었습니다. 지방의 명예를 회복하려면 긍정하는 편이 좋습니다. 영화 *〈행복은 초원에(Le Bonheur est dans le pré)〉*에 나온 "이건 지방이 아니라, 고기 요리야!"라는 대사처럼요. 그렇지만 먹음직스럽고 폭신폭신한 작은 브리오슈 한 조각이 아무런 영향도 끼치지 않는다고 할 수는 없는데요. 균형 잡힌 식단을 다양하게 섭취할 줄 알아야 합니다. 영양학적으로 필요한 것들에 부응하려면 말이죠.

정리하자면, 아침 식사로 과자 한 대접을 먹고 오후 내내 텔레비전 앞에 앉아 있는 건 추천하지 않습니다. 지방을 과도하게 섭취하면 일찍 사망할 확률이 증가하는데, 이 지방이라는 것은 지방이 들어간 식품과 직접적으로 관련된 것이 아니라, 우리의 식생활 전체와 신진대사, 건강 관리 때문에 과도한 에너지가 남는 것이 문제입니다. 다시 말해, 지방은 우리의 적이 아닙니다!

알렉상드르 마사

---

44) 프랑스 식품 환경 노동 위생 안정청.

44

좋은 설탕과 나쁜 설탕이 있다고?

간강식을 먹고 칼로리를 무찌르고 지방에 맞서 싸웁니다.
그런데 지방보다 더 강하고 기세등등한 설탕!
과연 설탕은 지방보다 강력할까요?

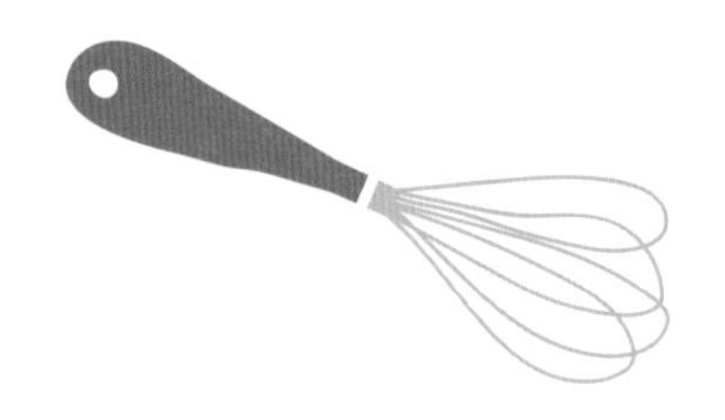

설탕, 새로운 제1의 적

악의 근원처럼 지탄받는 지방과 전쟁을 치른 지 백 년은 됐을 겁니다. 이제 영양학자와 의사 들이 설탕을 표적으로 삼고 있어요. 설탕이 영광을 누리던 시대는 지나갔지만, 아직 새로운 시대로 접어들기는 녹록지 않습니다. 전문가들이 "설탕은 지방으로 변한다."라는 공식을 내놨으니 말이죠. 그렇지만 알고 보면 설탕은 지방과 마찬가지로 인체에 좋을 수도 나쁠 수도 있습니다. 설탕의 양 그리고 어떻게 생겨난 것인지에 따라 달라질 뿐입니다.

좋은 설탕, 나쁜 설탕?

모든 설탕이 똑같은 것은 아닙니다. 두 식품에 들어 있는 설탕의 양만을 비교하는 것은 샐러드 1킬로그램과 고기 1킬로그램을 비교하는 것이나 마찬가지거든요. 정확히 파악하려면 혈당 지수(GI)를 봐야 합니다. 공장에서 가공을 거쳐 정제된 백설탕이 가장 혈당 지수가 높습니다. 사탕과 탄산음료도 빼놓을 수 없지요.

설탕이 일으키는 경변

혈당 지수가 높은 식품을 무분별하게 섭취하면 여러 건강 문제가 생깁니다. 충치가 생겨나고, 당뇨병, 심혈관계 질환, 췌장암 등 각종 병에 걸릴 위험이 이어집니다.

뿐만 아니라 '비알코올성 지방간'이라고도 하는 지방간이 생길 수도 있는데요. 피에르 메네Pierre Ménès가 탄산음료 때문에 생기는 질병이라고 널리 알린 비알코올성 지방간염(NASH)[45]은 설탕 때문에 지방이 너무 많아진 간에 염증이 생기는 질병입니다. 의사들 얘기로는 자그마치 프랑스인의 10퍼센트가 이 간염을 앓는다고 합니다!

설탕이 뇌에 끼치는 영향

그렇다고 우리가 먹는 음식에서 설탕을 뺄 필요는 없습니다(그러기에는 일이 복잡해질 테죠). 설탕은 신체에 아주 좋은 연료가 되어 주기도 합니다. 무엇보다 뉴런에 필요하니까 뇌에 연료를 공급하지요. 포도당이 뇌에 이르게 하려고 억지로 설탕을 먹을 필요는 없습니다. 채소나 과일처럼 영양가 있는 식품을 통해 당분을 찾는 편이 더 낫지요. 일반 설탕에는 단순 설탕만 들어 있고, 다른 중요한 영양소는 없으니까요. 일일 권장 섭취량은 100그램 정도로 정해져 있는데, 사과 한 개만 해도 당분이 10그램이나 들어 있지요(각설탕 3개 정도). 주의할 점은 설탕을 너무 많이 먹으면 뇌에 악영향을 줄 수도 있다는 사실입니다. 기억력 장애, 우울증, 신경퇴행성 질환 위험이 높아집니다.

알렉상드르 마사

---

45) www.lepoint.fr/editos-du-point/anne-jeanblanc/pierre-menes-rescape-de-la-maladie-du-soda-29-03-2017-2115530_57.php

45

체중을 줄이려면 빵을 먹지 말아야 한다고?

살이 찌지 않으려면 세 가지를 지켜야 합니다.
빵, 감자, 면을 피할 것… 그런데 이게 과연 합당할까요?

프랑스인의 3분의 1[46], 18~24세의 젊은층에서는 거의 과반수가 빵을 먹으면 살이 찐다고 생각합니다. 프랑스 식사의 상징이라 할 수 있는 빵에는 물론 설탕이 들어 있습니다. 하지만 빵에 들어 있는 것은 복합 당질과 복합 탄수화물입니다. 탄산음료, 사탕, 빵, 디저트 등에 들어 있으며 빠르게 흡수되는 단순 당질과 달리, 복합 당질은 신체와 뇌에서 조금씩 사용할 수 있는 에너지를 제공합니다(110쪽을 참고하세요).

감자나 파스타와 마찬가지로 전분을 함유한 빵을 먹으면, 다음 식사 때까지 군것질의 유혹에 휩쓸리지 않을 수가 있습니다. 허기가 심하게 지면 기름지거나 설탕이 많이 들어간 음식을 먹게 되는데요. 이런 음식들은 많이 먹으면 체중을 증가시킬 수 있습니다. 그러니 밤 11시에 감자칩 한 봉지나 케이크를 향해 내달리는 것보다는, 아침에 바게트 4분의 1개를 먹는 편이 훨씬 낫습니다.

---

46) CSA 조사, '프랑스인과 빵의 효능', 옵세르바투아르 뒤펭(Observatoire du pain), 2018. 10. 23.~25.

음식이 장을 잘 통과하는 데 필수적인 식이섬유

빵은 복합 탄수화물이 풍부하며, 식이섬유, 비타민, 미네랄을 섭취하기에도 좋습니다. 특히 통곡물빵이라면 말이죠. 실제로 통곡물빵은 정제된 식품과 비교했을 때 식이섬유를 훨씬 더 많이 함유하고 있습니다. 프랑스인들은 음식이 장을 잘 통과하는 데 꼭 필요한 식이섬유를 적게 섭취하는 편인데요.[47] 국민 건강 영양 사업(PNNS)에서는 "하루에 통곡물빵을 최소 한 개 섭취할 것."을 권고합니다. 이를테면 밀로 만든 평범한 바게트 대신, 통곡물 바게트나 호밀빵, 통밀빵 등을 먹으면 됩니다. 마찬가지로 면을 식사용으로 먹을 때는 말린 채소나 신선한 채소를 함께 먹거나, 이를 곁들여 요리하면 됩니다.

기름진 소스나 치즈는 자제하는 게 좋습니다. 살이 찌는지 안 찌는지는 전분이 들어 있는 식품 자체가 아니라, 이를 조리하는 방법에 따라(튀긴 감자와 삶은 감자를 비교해 보세요), 또는 칼로리를 과도하게 더할 만한 재료를 넣어 조리하는가에 따라 달라지기 때문입니다.

알렉상드린 시바르-라시네

47) '에스테반(ESTEBAN)' 조사, 프랑스 공중보건청, 2015.

46

오렌지 주스가 바이러스를 막아 준다고?

겨울 동안 매일 아침 오렌지나 오렌지 주스를 섭취하면 감기 바이러스를 예방할 수 있을까요?

아침 식사 메뉴로 오렌지 주스를 마시면 상쾌한 기분이 들지요. 그렇다고 오렌지 주스가 바이러스를 쫓아내는 것은 아닙니다. 오렌지 주스가 바이러스를 막아 준다는 선입견은 제법 오래 이어져 왔는데요. 감귤류에 비타민이 많이 들어 있기 때문입니다. 그중에서도 비타민C가 말이죠. 오렌지 한 개에는 비타민C 일일 권장량의 절반이 들어 있어요. 건강을 유지시켜 주는 마그네슘, 철분, 항산화 물질 등 심혈관계에 좋은 비타민B, 칼슘은 말할 것도 없고요. 완전 '완전식품'입니다.

여러 과일과 채소에 풍부하게 들어 있는 비타민C가 건강을 지켜 주고, 질병에 가장 잘 저항할 수 있도록 만들어 주기는 합니다. 하지만 비타민C가 부족해지는 경우는 드뭅니다. 아주 피곤하거나 아프지 않다면 말이죠. 또 오렌지 주스 1리터를 한꺼번에 마셔 둔다 해도 소용이 없습니다. 필요한 비타민C 섭취량을 채우고 나면(하루 80~120g), 이를 초과하는 비타민C는 소변을 통해 우리 몸에서 배출됩니다.

비타민D의 새로운 장점

겨울에 우리 몸에 부족한 것은 무엇보다 햇빛입니다. 가을에 접어들면서부터 낮은 점점 짧아집니다. 일조량은 줄어들고, 햇빛의 세기도 약해져요. 이것도 안개나 구름에 가리지 않았을 때의 얘기죠. 그리고 계절성 피로가 고개를 들 차례입니다. 북극권에 사는 사람들은 이 현상을 잘 알고 있어요. 그래서 비타민D를 잔뜩 섭취합니다. UVB 광선은 겨울에 부족한 비타민D를 우리 몸에서 합성하도록 도와줍니다. 특히 비타민D는 면역 체계를 최적의 상태로 유지해 주고요.

최적의 면역 체계로 유지해 주는 비타민D

우리가 곧잘 간과하던 비타민D는 2019년 코로나바이러스 팬데믹이 일어나면서 다시 떠올랐습니다. 비타민D가 부족하면 면역 체계에 영향을 준다는 점은 익히 알려져 있었는데요. 2017년에도 WHO가 "메타 분석 결과 비타민D를 보충하면 호흡기 전염병을 막는 효과가 있다."라는 공식 발표를 했습니다. 스페인 연구에 따르면, 코로나바이러스 환자의 80퍼센트가 비타민D 부족인 것으로 나타났어요. 정리하자면, 오렌지 주스 한 잔을 아침의 즐거움으로 삼아 마시고 대구 간유를 한 모금 드세요. 마지막으로 수프도 한 숟갈 들이키고요! 아니면 비타민D가 풍부한 기름진 생선, 치즈 그리고 유제품을 챙겨 먹자고요. 균형 잡힌 식습관과 위생적인 생활은 여러분이 외부의 공격에 더 튼튼하게 맞서 싸우도록 해 줄 테니까요.

알렉상드르 마사

47

올리브유가 만병통치약이라고?

올리브유를 찬양자들의 말을 들어 보면, 고대부터 칭송받았던 이 식물성 기름은 만병통치약인 듯합니다. 그럴 수밖에요! 지중해식 식단에서 빠질 수 없는 올리브유는 건강에도 좋다는 게 증명됐거든요.

1960년대 크레타섬의 어부들처럼 매일 아침 올리브유 한 컵을 마시면 정말로 건강하게 (오래) 살 수 있을까요? 그럴 가능성은 상당히 적습니다. 그렇지만 '엑스트라 버진' 올리브유를 매일 섭취하면 실제로 도움이 됩니다. 차가운 상태로 압착해 추출한 이 식물성 오일에는 염증을 감소시키고 심장과 뇌에 노화가 오는 것을 억제하는 항산화 물질 폴리페놀이 약 30가지나 들어 있으니까요. 폴리페놀이 건강에 긍정적인 영향을 끼친다는 근거 중 유럽 식품 안전청(EFSA)이 인정한 것은 딱 하나입니다. 그렇지만 올리브유는 젊음의 묘약이라거나 암이나 치매를 낫게 해주는 기적의 치료제는 아닙니다. 올리브유라든가 그 밖에 좋다고들 하는 식품을 섭취하는 것만으로 건강을 유지할 수는 없기 때문입니다. 건강하게 생활하고 (몸을 더 많이 움직이고) 다양한 음식을 먹는 것까지 함께 해야 합니다. 명성이 자자한 지중해식 식습관을 많이 참고해서 말이죠.

인지 기능과 면역 체계

지중해 식단을 따르려면 올리브유를 요리할 때나 음식에 곁들이며 일상적으로 섭취하는 것뿐만 아니라 채소, 콩, 과일, 호두 등의 견과류를 많이 먹고, 생선 섭취를 늘리고, 붉은 고기와 유제품과 포화 지방을 덜 먹어야 합니다. 아일랜드의 코크Cork 대학교 미생물학과 폴 오툴Paul O'Toole 교수는 이렇게 얘기합니다.[48] "최근 연구에 따르면, 지중해 식단은 우리 몸의 소화 기관에 있는 박테리아인 미생물군 유전체의 구성을 변화시키는 것으로 밝혀졌습니다."

연구 결과가 나올 때까지는, 다양한 음식과 함께 올리브유를 계속 섭취하게 될 겁니다. 가능하다면 유기농과 제철 식품을 먹고요.

이미 밝혀진 여러 긍정적인 효과와 더불어, 지중해 식단에 들어 있는 어떤 핵심 성분이 우리 몸의 미생물군 유전체를 변화시키는지 밝히고자 다른 연구들을 실시할 계획입니다. 연구 결과가 나올 때까지는 다양한 음식을 먹는 식습관의 일부로 올리브유를 계속 섭취하게 될 겁니다. 가능하다면 유기농과 제철 식품과 함께 말이지요!

알렉상드린 시바르-라시네

48) www.theconversation.com/la-diete-mediterraneenne-ameliore-la-sante-intestinale-et-permet-de-mieux-vieillir-132054

48

'글루텐 프리' 식품이 몸에 좋다고?

**오늘날 글루텐은 식생활의 적이 되었습니다.
어떤 사람들은 식탁에서 글루텐을 몰아내려 할 정도지요.
그런데 우리가 얘기하는 근거들은 정확한 걸까요?**

글루텐은 어디에 있나?

글루텐은 글루테닌과 프롤라민이라는 두 가지 계열의 단백질을 혼합한 겁니다.[49] 밀, 호밀, 보리, 귀리와 같은 몇몇 곡물에 다량 함유되어 있고, 유럽 품종인 스펠트 밀과 카무트에도 소량 들어 있습니다. 글루텐은 음식을 부드럽게 만들어 주기 때문에 여러 가공식품에도 들어 있어요. 글루텐은 반죽이 적절하고도 고유한 점성을 띠게 만들기도 하지만, 건강 문제를 일으킬 수도 있습니다. 비셀리악 글루텐 과민증(NCGS)인 사람들에게는 글루텐이 지방변증, 알레르기, 등 다양한 질환을 유발합니다.

글루텐 불내증일까, 과민증일까?

'진짜' 글루텐 불내증인 사람들은 악명 높은 질병인 지방변증을 앓습니다. 이 질환

49) www.doctissimo.fr/sante/dictionnaie-medical/proteines

은 소장 내벽을 파괴하며, 빈혈, 설사, 체중 감소, 뼈의 통증 그리고 어린아이들에게는 발육 부진을 유발합니다. 인구의 0.5~2퍼센트가 걸리는 질병이지만, 제대로 진단되지 않는 경우가 많습니다.

글루텐 불내증에 시달리면 악명 높은 지방변증을 앓는다.

이보다 드물게 발생하는 밀 알레르기는 프랑스인의 0.1~0.5퍼센트가 앓고 있으며, 글루텐 과민증은 인구의 2.7퍼센트 정도가 앓고 있습니다.[50] 글루텐이 악영향을 끼치는 것은 사실이나, 글루텐 섭취와 글루텐 과민증인 사람들이 앓는 질환 사이의 직접적인 관계는 아직 명확히 밝혀지지 않았습니다.

글루텐은 정말로 먹지 말아야 할까?

그렇다면 건강한 사람들은 글루텐을 식탁에서 없애야 하는 것일까요? 유로뻬앙 조르주-퐁피두européen Georges-Pompidou 병원의 간 및 위장병학 전문의인 크리스토프 셀리에Christophe Cellier는 옵세르바투아르 드라상테Observatoire de la saneté[51]와의 인터뷰에서 그렇지 않다고 주장합니다. "아무런 질환을 앓지 않는 사람이 글루텐 프리 식단을 한다고 해서 이롭다는 근거는 전혀 없습니다." 의학적 소견으로 지방변증에 걸렸다고 진단받은 사람들만 글루텐이 없는 엄격한 식단을 평생 지키면 되겠지요. 또 "식품을 골고루 섭취하고, 너무 달거나, 짜거나, 기름진 음식을 먹지 않는 것이 건강한 식단."이라고 하네요.
'글루텐 프리' 식단이 더 건강하다는 생각은(인구의 10퍼센트가 이처럼 생각합니다[52]) 오해입니다. 뭐니뭐니 해도 '글루텐 프리'가 붙으면 매력적인 장사 거리가 되는 농산물 가공 업계 광고의 유혹에 넘어가지 말아야 합니다.

알렉상드린 시바르-라시네

---

50) 온라인 뉴트리넷 상떼(Nutrinet Santé)에서 20,000명을 대상으로 연구한 결과.
51) 공중 보건 활동을 보도하는 건강 전문 사이트.
52) 위의 조사 결과, (지방변증 진단을 받지 않은 사람 중) 10.7퍼센트가 글루텐을 섭취하지 않는다고 했으며, 전체 답변자 가운데 1.7퍼센트였다. 〈영국 영양학회지(The British Journal of Nutrition)〉, 2019. 10. 28.

49

아빠가 술을 마시는 게 태아에게 해롭다고?

딱 한 잔만 마셔도 해로울까요?
예비 아빠가 마시는 것은 어떨까요?

임신을 하면 온갖 것이 금지됩니다. 매일매일 금기사항을 마주치는 일이 어떤 건지 상상할 수 있나요? 임신한 여성이 이런저런 조언을 잊으면 주변 사람들이 나서서 참견합니다. 아기를 낳을 예정이라면, 임신한 여성의 몸은 더 이상 자신만의 것이 아니라고요?

가장 먼저 금지하는 것은 단연코 술입니다. 공익광고에 나오고, 병원 진료실에 붙어 있고, 술병에도 써 있는, 어느 누구도 모를 리가 없는 얘기죠. 술은 임신한 여성에게 해로운데, 더 정확히 얘기하자면, 임신한 여성이 몸에 품고 있는 태아에게 해롭죠.

딱 한 잔

임신 중에 알코올을 섭취하면 어떤 문제가 생길까요? 아홉 달 중 딱 한 잔 먹는 정도라면? 혹은 임신 초기 3달 동안에 술을 마시는 게 가장 안 좋을까요? 놀랍게도 술을 딱 한 잔만 마셔도 치명적입니다. 태아 알코올 증후군은 알코올을 너무 많이 섭취할 때 일어나지만, 신체 기관이 형성되는 시기에는 딱 한잔도 위험할 수 있죠. 이 시점이 언제인지는 정확히 모릅니다. 러시안 룰렛인 셈이죠.

한 손에 술잔을 든 채로 임신한 여성에게 "아무튼, 너는 술 마시면 안 돼."라고 얘기하면 얼굴에 물벼락을 맞아도 할 말 없죠.

남성의 알코올 섭취도 아기에게 해롭습니다

임신한 여성을 도우려면 죄책감을 떠안기지 말고 그가 있는 자리에서 술을 마시지 말아야 합니다. 한 손에 술잔을 든 채로 임신한 여성에게 "아무튼, 너는 술 마시면 안 돼."라고 얘기했다가는 얼굴에 물벼락을 맞고도 남을 일이죠. 특히 예비 아빠들은 술을 자제해야 합니다. 〈유럽 심장병 예방학회지European Journal of Preventive Cardiology〉에 따르면 임신 전 6개월 동안 아빠들의 금주를 권고합니다. 임신 전에 남성이 술을 마셨을 경우, 아기의 심장 질환 위험이 44퍼센트 증가했기 때문이죠.[53] 그러니 남성들에게도 분명 책임이 있습니다.

알렉상드르 마사

53) journals.sagepub.com/doi/10.1177/2047487319874530

50

와인은 건강에 좋은 술이라고?

수명이 길고 몸이 튼튼한 사람들의 비결은 '매일 와인 한 잔을 마시는 것'이라고 하죠. 정말일까요?

매일 와인을 마시면 의사도 필요 없다는 말이 있죠. 주변에 이렇게 말하는 사람이 꼭 있죠. "우리 할머니는, 우리 할아버지의 형님은 매일 와인 한 잔씩 드시더니 100살까지 사셨어!" 이 말에 어떤 이들은 할머니들은 매일 물도 마시고, 조간신문도 읽고, 일일 드라마도 보지 않느냐며 코웃음을 치기도 합니다.
과연 사실인지 아닌지 파헤쳐 봅시다. 알아보지도 않고 허황된 소리로 취급하는 건 좀 문제가 있으니까요.

프랑스인의 역설과 알코올 섭취

"술을 조심해!"라는 말은 모두 알죠. 하지만 프랑스의 식습관은 미식가들만이 아니라 매사에 조심스러운 사람들까지도 설득시켰죠. 영국인들과 비슷하게 먹는데도(동물성 지방을 비슷하게 섭취하는) 프랑스인들은 혈관이 막히는 관상동맥 질환이 훨씬 덜합니다. 이 모든 게 와인 덕분일까요? 솔깃한 이야기네요.

1992년 세르주 르노Serge Renaud와 미셸 드로르주릴Michel de Lorgerril이 '프랑스인의 역설'이라는 이론을 내놓았습니다. 과학 저널 〈란셋The Lancet〉에 와인을 섭취하면 심혈관계 질환 발병 위험이 40퍼센트나 감소한다는 연구 결과를 발표한 거예요. 하지만 이미 다른 연구들이 이 차이는 트랜스 지방이 적은 식습관 때문이라고 밝혔죠. 하지만 '프랑스인의 역설'은 오늘날에도 여전히 회자되고, 과학자들은 알코올 섭취를 장려하는 말이 널리 퍼진 걸 속상해하죠.

일곱 가지 암과 와인

요즘에는 프랑스인들도 100년 전처럼 와인을 하루에 1리터씩 마시지 않아요. 정기적인 알코올 섭취는 건강에 해롭습니다. 심혈관계 질환, 고혈압, 뇌출혈 등의 위험도 커지죠. 프랑스 공중보건청은 일곱 가지 암이 "하루 한 잔 이상의 술을 섭취한 것과 관련이 있는 것으로 확인되었다."라고 밝혔어요.[54] 바로 구강암과 인후암(후두암, 인두암), 식도암, 간암, 결장암, 직장암, 유방암입니다. 와인을 만드는 포도가 항산화물질이 풍부한 폴리페놀, 그중에서도 특히 레스베라트롤을 함유하고 있어 좋은 효능을 발휘하는 건 사실이에요. 핵심은 중용입니다. 음주가 가능한 나이가 되면 술은 최대 두 잔까지, 그리고 매일 마시지는 말 것."이란 말을 기억하세요. 한마디로 정리하자면, 맛있는 와인은 즐기되 과음은 금물입니다!

알렉상드르 마사

---

54) www.alcool-info-service.fr

51

알코올 섭취는 무조건 해롭다고?

**달리기나 축구 후에 마시는 맥주는 맛이 정말 좋지요.
그런데 시원하게 첫 잔을 비워 버리기 전에
잠깐 생각해 봐야 합니다.**

땀을 흘린 후에 시원하게 한잔하는 맥주! 누구나 마다할 리 없죠. 그렇지만 맥주는 사실상 시원하게 갈증을 풀어 줄 만한 게 아닙니다. 물론 당장 목마른 것은 가라앉혀 주지요. 그렇지만 맥주에는 알코올이 들어 있습니다. 여느 알코올과 마찬가지로 이뇨 작용을 하고요. 맥주를 한 잔씩 마실 때마다 여러분이 마신 술보다 더 많은 물을 몸 밖으로 배출하게 되는 겁니다.
맞아요! 그래서 술을 많이 마신 날 밤에는 끊임없이 화장실을 들락거리고, 물병을 계속해서 비우는 거예요.
그러니까 "힘을 쓰고 난 후 마시는 한잔은 건강에 좋다."라는 말은 거짓입니다. 전문가들은 이 선입견을 물리치려고 오랫동안 싸워 왔습니다. 알코올 중독 예방책을 쓴 것은 말할 것도 없고요. 맥주는 수분을 완전히 다시 보충해야 할 정도로 몸에서 수분을 없애는데요. 게다가 신체 활동을 한 뒤라면 또 다른 해로운 영향을 끼칠 수도 있습니다.

근섬유 복원에 좋지 않아!

맥주는 칼로리가 높은 음료입니다. 한데 신체 활동을 많이 한 뒤에는 체온을 낮춰야 하지요. 칼로리라는 것은 활동할 때에는 아주 유용합니다. 칼로리를 태워 에너지를 얻으니까요. 반면 휴식을 취할 때는 알맞지 않습니다.

게다가 쉴 때는 근섬유를 복원해야 합니다. 근육에 미세한 상처들이 생겨났기 때문입니다. 그래서 회복 기간이 중요하지요. 그런데 알코올은 이런 재생 작용에 아무런 도움도 주지 않습니다. 단백질을 합성해야 근육이 복원되는데, 알코올은 합성을 저하하기 때문입니다. 그러니 운동 후에 마시는 맥주가 좋다는 이야기는 거짓일 뿐만 아니라, 한술 더 떠 해로운 영향을 끼치기까지 합니다.

수분을 보충해야 할 때 도리어 몸에서 수분을 빼앗고, 또 한편으로는 근육의 회복을 늦추는 거죠.

수분 균형을 되찾는 데에는 칼로리도 없고 알코올도 없는 깨끗한 물이 훨씬 도움이 됩니다. 게다가 물은 항상 그렇듯 몸에 쌓인 노폐물을 배출해 줍니다. 강도 높은 운동을 했을 때 회복에 도움을 주는 음료를 마셔서 운동하는 동안 손실된 단백질, 탄수화물, 나아가 나트륨과 같은 미네랄을 보충해 주는 것이 좋습니다.

알렉상드르 마사

뇌과학

52

여자의 뇌와 남자의 뇌는 다르다고?

여자는 길을 잘 못 찾으며 감성이 발달한 편이고,
남자는 방향 감각과 수학 능력이 뛰어난 편이다?
무지하게 무지한 말이 아닐 수 없습니다.

8, 90년대에 유명했던 "화성에서 온 남자, 금성에서 온 여자."라는 말은 오늘날 더 이상 통하지 않습니다. 남자는 화성을 닮은 전쟁과 붉은색을 좋아하며, 여자는 사랑과 유혹, 그리고 성적인 아름다움을 관장하는 여신인 비너스의 금성을 닮을 것이라 하죠. 바로 여자와 남자의 뇌가 다르기 때문이라면서 말이죠. 오늘날 사람들이 여성 혐오와 틀에 박힌 클리셰, 어마어마한 선입견을 인식할 수 있다는 점은 아주 다행입니다!
서로 다른 두 성별이 뇌마저도 다를 것이라는 생각은 거짓이라고 연구 결과가 말해 줍니다. 그런데도 아주 끈질기게 남아 있는 선입견이죠. 신경과학이 오랜 시간 끌어내리고자 노력했던, 신경과학에 관한 여러 거짓말 가운데 단연코 1위입니다.

차이와 사회적 클리셰 사이에서

역사적으로 이런 선입견은 여자와 남자의 차이를 비롯해 노동과 여가의 분담, 가정에서 남녀가 차지하는 위치에 대해 사회가 만들어 내고, 유지하고, 강요하며 생겨난 겁니다. 사실에 바탕을 두고 살펴보자면, 사회적인 선입견이 차이를 조장하지요.

과거 과학자들은 여성을 '나약한 성별'이라 여기며 지적으로 다르다고 보았습니다. 이보다 더했으면 더했지, 덜한 소리를 하진 않았습니다. 과학자들은 이를 이론으로 만들려고 했습니다. 뇌의 크기와 무게를 측정하는 분야인 두개 측정학에서 특히 편견이 심했습니다. 뒷받침할 근거는 빠르게 날조됐지요. 두개골 측정에서는 여성이 남성보다 뇌의 크기가 더 작다고 주장했죠. 여성이 남성보다 능력이 떨어진다는 것은 더 증명할 필요도 없다며 말입니다.

19세기의 유명 해부학자인 폴 브로카Paul Broca는 이렇게 말했습니다. "여성의 뇌가 상대적으로 작은 까닭은 여성이 신체적으로나 지적으로나 열등하기 때문이다." 이 어마어마한 말은 그저 극단적인 폭력에 불과합니다. 유명한 사회심리학자인 귀스타브 르봉Gustave Le Bon도 마찬가지입니다. "수많은 여성들의 뇌의 크기는 가장 발달한 존재인 남성의 뇌보다 고릴라의 뇌에 더 가깝다."라니요? 이 어처구니없는 주장은 현재 완전히 척결되었습니다. 크기를 따져보면 그 어떤 뇌도 서로 닮아 있지 않기 때문입니다.

뇌의 크기와 지적 능력이 비례하지 않는다는 사실을 우린 이제는 잘 알고 있지요. 심지어 아인슈타인의 뇌는 평균보다 훨씬 작았습니다.

인종차별적이기도 했던 편견으로 가득한 학문인 두개골측정학은 영구히 퇴출당했습니다. 그리고 뇌의 크기가 지적 능력을 설명해 주지 않는다는 사실도 이제 잘 알고 있습니다. 심지어 아인슈타인의 뇌는 평균보다 훨씬 작았는데요. 한마디로 "큰 뇌 = 높은 지능" "작은 뇌 = 낮은 지능"이라는 공식은 완전히 잘못된 것이었죠.

알렉상드르 마사

53 인간은 뇌의 10퍼센트만 사용한다고?

정말이지 근거가 하나도 없는 선입견입니다. 일상적인 일을 처리하려면 뇌 전체가 필요합니다. 게다가 뇌는 밤에도 일하는걸요!

19세기 말, 하버드 대학교의 윌리엄 제임스William James는 우리 뇌가 현재 발휘하는 지능보다 10배 높은 잠재력을 지녔다고 가정했어요. 정신 작용 원리를 연구하던 그는 지적 능력이 개선될 수 있다고 봤죠. 뒤이어 생물학자이자 심리학자인 칼 래슐리Karl Lashley는 쥐가 대뇌 피질 전체에 기억을 저장한다는 사실을 발견하고 대뇌 피질의 58퍼센트가 손상되더라도 간단한 학습이 가능하다는 것을 증명했어요. 하지만 인간이 뇌의 90퍼센트를 사용하지 않은 채 내버려 두고 있다는 주장을 반박할 만한 근거들이 몇 가지 있습니다. 만약 뇌의 일부만 사용하는 게 사실이라면, 뇌에 상처가 나더라도 뇌 기능에 손상이 가지 않아야 합니다. 그렇지만 뇌를 샅샅이 살펴봐도, 상처가 난 뒤에 후유증이 남지 않는 곳은 없습니다.

양전자 방출 단층 촬영(PET)이나 자기공명 영상(MRI)은 뇌의 전 영역이 부분적으로라도 활성화된다는 사실을 보여줍니다. 하물며 잠자는 동안에도 말이지요. 아무 역할도 하지 않는 부위는 없습니다. 청각, 시각, 후각, 촉각, 인지, 실행, 운동 기능 등 감마선으로 촬영해도 세포가 활성화되지 않은 곳은 없습니다. 뇌는 몸무게의 2퍼센트만 차지하는데도 에너지의 20퍼센트나 사용하니 차고 넘칠 만큼 활동한다는 증거죠. 한편, 뇌가 이미 왕성하게 활동하고 있다고 해서 뇌의 능력이 한정되었으며 발전할 수 없다는 뜻은 아닙니다. 최근 연구에 따르면, 우리 뇌는 가소성을 지닌 것으로 드러났어요. 새로운 연결점을 끊임없이 발달시키며, 새로운 뉴런을 만들 수도 있습니다!

플로랑스 앵뷔제

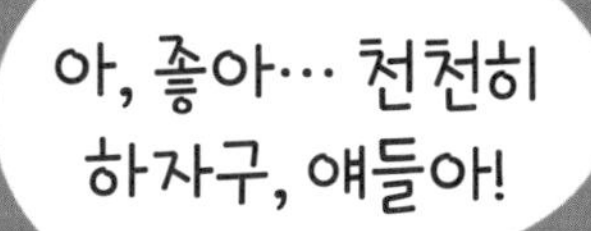
아, 좋아… 천천히 하자구, 얘들아!
느긋하게 할 수 있는데 굳이 애쓸 필요 없잖아?

RELAX

54

잠을 자면서도 공부할 수 있다고?

자면서 외국어라든가 역사적인 사건과 날짜를 배우는 걸 꿈꿔 본 적이 있나요? 정말로 실현 가능할까요?

잠을 자는 동안에 학습할 수 있다면 얼마나 좋을까요. 아쉽게도 1950년대 말에 탄생한 수면 학습은 전혀 증명된 바가 없습니다. 물론 우리 뇌는 잠을 자면서도 소리는 계속 인식할 수 있습니다. 그렇지만 소리를 듣는 것만으로 학습할 수 있는 건 아닙니다.

자는 동안 소리는 듣지만 배우지는 않는 뇌

2018년 ULB 신경과학 연구소(UNI-브뤼셀)의 〈과학 리포트Scientific Reports〉[55] 에 따르면, 한 시퀀스 안에서 조직 방식에 따라 소리를 분류할 수 있는 능력은 깨어 있을 때만 생겨나며, 잠을 자는 동안에는 완전히 사라진다고 합니다.

그러므로 잠에 빠진 뇌의 학습 능력은 아주 단순한 연상 작용 정도만 가능합니다. 위 연구의 감독관이자 ULB 심리 및 교육 학부 교수인 필리프 페이뉴Philippe Peigneux는 "현재 우리가 내린 결론은, 잠을 자는 동안에는 복잡한 연상 작용을 처리할 수 없으며, 따라서 학습할 수 없다는 것이다."라고 밝힙니다.[56] 2017년 발표된 복잡한 언어 구조에 관한 이스라엘의 연구[57] 역시 같은 결론을 내리고 있습니다.

잠이 회복 역할을 하는 경우

수면 학습의 효과가 아직 입증되지 않았지만, 배운 내용이 머릿속에 확고히 자리 잡도록 하는 데 도움이 되는 것은 사실입니다. 뇌의 학습 능력을 회복하는 데에는 경수면 단계가 중요한데요. 또 잠은 명시적 기억을 강화시키고 증폭시키기도 합니다. 렘수면은 우리의 능력과 관련이 있는 절차적 기억에 이와 동일한 역할을 합니다.

그래서 실험 결과, 학습을 한 뒤에 가벼운 낮잠을 자면 배운 내용을 더 정확히 기억할 수 있다고 합니다. 반대로 오랫동안 잠을 못 자면 뇌 기능 장애를 유발합니다. 그러니 잘 배우려면 과도한 방해나 자극이 없는 환경에서 밤새도록 양질의 잠을 자 둡시다.

알렉상드린 시바르-라시네

---

55) 주파수가 드러나는 자기 반응이 부재하다는 사실은 NREM 수면 도중 발생하는 통계적 규칙성이 탐지되지 않음을 의미한다: 파르투아(Farthouat) J., 아타스(Atas) A., 웬스(Wens) V., 드티에쥬(De Tiege) X., 페이뉴(Peigneux) P., 〈과학 리포트〉, 2018. 8. 6.

56) lacademie.tv/conferences/apprendre-en-dormant

57) 마코브(Makov) 외, 2017.

55

생선을 먹으면 머리가 좋아진다고?

오메가-3가 풍부한 정어리라든가 기름진 생선을 먹으면 뇌와 기억력에 좋습니다. 그런데 생선으로 충분할까요?

기억력을 증진시키는 데 가장 좋은 식품은 정어리입니다. 정어리는 오메가-3에 들어 있는 복합 불포화 지방산이 풍부하기 때문입니다. 오메가-3는 두뇌 발달과 인지 능력에 효과적인데요. 이와 같은 지방산은 연어, 참치, 청어, 정어리, 고등어 등 기름진 생선에 들어 있습니다. 그렇지만 오메가-3 영양제를 한 번 복용하거나 생선을 매일 섭취하기만 해도 기억력이 좋아진다는 건 과장입니다. 우리 뇌가 주로 지방으로 이루어져 있긴 해도, 뇌가 작동하려면 에너지가 많이 필요하고 혈액이 많이 흘러들어 와야 하니까요.

전분을 함유한 식품과 콩

우리 뇌는 세 가지를 주축으로 삼아 움직여야 합니다. 식품의 지방 함량과 설탕 함량 그리고 혈관에 유입되는 혈류량을 개선해야 합니다. 뇌가 필요한 에너지를 확보하려면 하루에 포도당 120그램이 필요한데요. 이는 우리가 먹는 음식과 간에 저장해 두었다가 끌어옵니다. 그래서 매 끼니마다 GI 지수가 낮은 전분질 식품(통곡물과 통밀빵, 통밀로 만든 면, 현미, 바나나 등)과 콩(렌틸콩, 병아리콩, 강낭콩 등)을 섭취하도록 권장하는 겁니다.

달걀 역시 좋습니다. 달걀 노른자에는 실제로 콜린이 아주 풍부한데요. 인지 기능이 잘 작동하는 데 필요한, 아주 적은 양이지만 절대 없어서는 안 될 미량 영양소입니다.

뇌는 하루에 필요한 에너지를 확보하기 위해
우리가 먹는 음식과 간에 포도당 120그램을
저장해 두었다가 끌어옵니다.

질산이 풍부한 무

흥미로운 식품이 또 하나 있습니다. 바로 무 종류입니다. 이 뿌리채소류에는 질산염이 들어 있는데요. 입 안에서 씹으면 침 때문에 분해되어 아질산염이 됩니다. 그리고 장에 들어가면 질산(NO)으로 변하는데, 이는 혈관을 확장시키는 역할을 합니다. 무 종류를 섭취하면 대뇌 동맥의 혈관 확장을 개선하고 뇌의 혈액 순환이 원활해집니다. 인지에도 도움을 주고요.

아연, 셀레늄, 마그네슘, 칼륨, 구리와 같은 특정 미량 원소 역시 뇌가 쇠약해지고 노화하지 않도록 방지하는 역할을 합니다.

따라서 다양하고 균형 잡힌 식생활은 뇌가 잘 작동하도록 도와주는 최고의 보증수표입니다. 기억력을 강화하려면 충분히 잠을 자는 게 중요하다는 사실도 잊지 마세요.

알렉상드린 시바르-라시네

56

잠을 잘 자면 공부한 내용을 더 오래 기억할 수 있다고?

심장, 면역력, 몸매, 활기… 잘 자면 건강해지고, 기억력, 집중력, 주의력 등 인지 능력도 향상됩니다. 그러니 잠을 잘 주무시는 편이 좋을 거예요!

기억력을 높이는 데 하룻밤 푹 자는 것만큼 좋은 일도 없습니다. 과학적으로 입증된 사실이지요. 잠을 자면 기억을 강화하는 데 도움이 됩니다. 반대로, 잠을 못 자면 학습 능력을 해칩니다. 정확히 얘기하자면, 사실적인 정보, 즉 학교에서 익히는 정보를 저장하는 데에는 심수면(이른 밤에 취하는 수면)이 탁월한 역할을 한답니다.

시간을 견디는 기억

잠들기 전 우리는 일시적인 '창고'라 할 수 있는 단기 저장 공간인 '해마'에서 기억을 꺼내옵니다. 하룻밤 휴식을 취하고 나면, 해마에 들어왔던 새로운 정보는 우리 뇌 꼭대기에 있는 신피질로 옮겨지고요. 신피질은 장기적인 저장 공간 역할을 하지요. 그래서 잠을 자면 기억들이 시간을 견뎌내고 남을 수 있게 되는 겁니다. 또 낮에 20분 정도 짧게 낮잠을 자는 것만으로도 기억력을 강화할 수 있습니다. 낮잠 중 심수면기만 있다면 말이지요!

***잠을 자면 기억이
시간을 견뎌내고
남을 수 있게 됩니다.***

수면과 학습

실제로 기업들은 느린 뇌파가 나오도록 자극해 학습을 수월하게 하고, 나아가서는 나이가 들면서 생기는 기억력 감퇴를 방지하는 장치를 준비하고 있습니다. 하지만 이런 계획들이 구체화될 때까지 학생들은 잠들기 전에 역사나 지리 그리고 국영수 등을 적극적으로 공부해야겠지요. 잠을 자는 동안에도 결코 배움을 멈추는 것이 아닙니다! 녹음해 둔 정보를 들으면서 잠을 자도록 권하는 '수면 학습법'을 활용한 실험들은 모두 효과가 없다고 밝혀졌거든요(134쪽을 참고하세요).

잠을 잘 자면 반응 시간이 짧아진다

잠이 부족하면 집중력과 주의력에도 영향을 끼칩니다. 뇌가 몽롱한 상태에서는 청각이나 시각 신호에 반응하는 시간이 상당히 길어져서 사고를 유발할 수 있거든요. 특히 도로에서 말이죠. 한편, 수면이 부족해 생기는 불면증의 경우, 벤조디아제핀과 같은 특정 수면제는 피하는 게 좋습니다. 이런 약물은 사실 기억 상실을 유발하는 경우가 종종 있거든요!

플로랑스 앵뷔제

57

우리가 3세 이전의 일을 기억하지 못하는 게 당연하다고?

**여러분은 맨 처음 회전목마를 탔던 순간을 기억하나요?
아니라고요? 너무 어릴 때라서 그럴 만도 합니다.
3살 반 전에는 '유아 기억 상실'이 있다고들 하니까요.
그런데 여기서 말하는 기억이란 대체 무엇일까요?**

삽화적 기억은 스스로의 삶을 되돌아보는 추억의 바탕이 됩니다. 삽화적 기억력 덕분에 개인적으로 겪었던 과거의 사건을 불러와서 시공간을 다시 체험할 수도 있고, 미래를 계획할 수도 있습니다. 적어도 특정 나이 이후로는 말이죠. 세 살 반 이전에 일어났던 일을 떠올리는 경우는 아주 드물기 때문입니다. 그 이유는 무엇일까요? 프랑스 보건의학 연구소 홈페이지에 따르면 신경심리학자 프랑시스 외스타슈Francis Eustache는 "삽화적 기억은 3~5세 사이에 형성된다."라고 합니다. 이보다 어릴 때는 삽화적 기억력에 결정적인 역할을 수행하는 해마의 치상회(대뇌 반구의 안쪽 면에서, 해마와 해마 곁 이랑 사이에 위치하며 여러 개의 치아가 난 모양을 한 작은 이랑)에 있는 세포들이 아직 성숙하지 못한 것으로 보입니다. 그래서 기억은 점진적으로 구성된다고 할 수 있지요.

삽화적 기억과 의미 기억은 연결되어 있다

기억은 딱 한 종류만 있지 않습니다. 서로 다른 뉴런 네트워크를 이루는 다섯 가지 체계와 연결되어 있습니다.[58] 그래서 삽화적 기억은 "의미 기억(언어 및 세계와 자신에 관한 지식을 기억하는 것)과 긴밀하게 얽혀 있다."라고 외스타슈는 말합니다. "말이 생겨나면 우리가 겪는 일에 공유할 수 있는 형태를 부여한다." 신경정신학자 보리스 시륄닉Boris Cyrulnik은 이렇게 설명하지요. 실제로 자전적인 기억은 과거를 충실하게 반영하는 것이 아니라, 여러 요소의 영향을 받아 '과거를 표현하는 것.'에 가깝습니다. 이 표현법은 살아가는 내내 변화하지요.

"자신에 대한 기억은 말을 배우기 전부터 시작된다."
- 보리스 시륄닉

잊어버렸다고 해서 기억이 없는 것은 아니다

마지막으로 기억을 명확하게 떠올릴 수 없다고 해서 기억이 없다는 뜻은 아닙니다. 최근에 유아와 어린이를 대상으로 실시된 연구들은 어린아이들이 기억을 만들어 낼 수 있다는 것을 분명히 보여 줍니다. 비록 어른이 되어 대부분이 그 기억을 끄집어내지 못하더라도 말입니다.[59] 우리 자신에 대한 기억은 말을 배우기 전부터 시작됩니다.[60]

알렉상드린 시바르-라시네

---

58) 작업 기억(단기 기억), 의미적 기억, 삽화적 기억, 절차적 기억, 인지적 기억. www.inserm.fr/information-en-sante/dossiers-information/memoire 참고.

59) 파트만(Pathman) T., 바우어(Bauer P.J.), 〈기억력과 뇌의 초기 발달〉, 트렘블레이 R.E., 부아방(Boivin) M., 피터스(Peters) 엮음, 온라인 유아 발달 백과사전, www.enfant-encyclopedie.com/cerveau/selon-experts/la-memoire-et-le-developpement-precoce-du-cerveau

60) 시륄닉 B., 〈기억과 전기〉, MAIF 콘퍼런스, 2013. 9. 28., www.youtube.com/watch?v=cJNJuY9CJrl

58

왼손잡이는 뇌 구조가 달라 더 똑똑하다고?

**레오나르도 다빈치, 베토벤, 버락 오바마,
디에고 마라도나는 천재라 여겨집니다.
대표적인 왼손잡이들로 오른손잡이와 뇌 구조가 다른데요.
뇌의 구조가 다르다는 게 과연 사실일까요?**

인간의 뇌는 좌뇌와 우뇌로 이뤄져 있으며, 이 둘은 정보를 다룰 때 서로 다른 역할을 맡습니다. 나아가 좌뇌와 우뇌는 각자 인간 몸의 반대쪽을 담당합니다. 왼손을 통제하는 우뇌는 공간을 시각적으로 표현하는 데 주로 관여합니다. 반면 오른손을 통제하는 좌뇌는 언어나 결정을 내리는 것이 주된 분야라 알려져 있습니다.

왼손잡이는 오른손잡이와 반대가 아니다

그렇다면 왼손을 더 편하게 사용하는 전 세계 인구의 8~10퍼센트는 우뇌를 더 잘 사용한다는 뜻일까요? 아니면 이 사람들의 뇌는 반대로 되어 있다는 뜻일까요? 전혀 아닙니다. 2015년 보르도 신경 기능 단층 촬영팀(GIN)이 실시한 연구[61]는 오른손잡이의 94퍼센트가 언어적인 업무를 처리하는 데 특화된 좌뇌를 가지고 있지만, 이는 왼손잡이의 84퍼센트도 마찬가지였다고 합니다.

버락 오바마의 천재적인 연설 능력은 왼손으로 연설문을 작성한 것과 관련이 없습니다.

왼손잡이든 오른손잡이든, 말을 내보내는 쪽은 주로 좌뇌입니다. 따라서 버락 오바마의 천재적인 연설 능력은 그가 왼손을 써서 연설문을 작성했다는 사실과는 관련이 없습니다.

왼손잡이들은 교류가 더 많다

몇몇 능력이 좌뇌와 우뇌 중 어느 쪽에서 발생하는지 특정할 수 있다 하더라도, 각각의 능력들은 서로 연결되어 있으며 끊임없이 교류합니다. 평균 2억 개의 신경 섬유로 이뤄진 뇌량이 좌뇌와 우뇌를 연결하지요.

왼손잡이들에게는 뇌량의 크기가 더 중요합니다. 뇌량이 크면, 좌뇌와 우뇌 사이에 일어나는 교류 역시 훨씬 긴밀해집니다. 그렇지만 앞서 언급한 네 명의 왼손잡이를 포함해 재능이 탁월한 왼손잡이들의 천재성을 설명해 주지는 않습니다. 한 가지 확실한 것은, 오랫동안 멸시와 심지어는 교정 등 괴롭힘을 당했던 왼손잡이들이, 지금은 선망을 받고 나아가 질투의 대상이 되기도 한다는 점입니다.

알렉상드린 시바르-라시네

61) lejournal.cnrs.fr/articles/cerveau-se-patager-pour-mieux-penser

59

뇌가 우리의 모든 것을 지배한다고?

정보를 받아들이고 해석하는 생각과 감정의 중추와도 같은 뇌! 신경계의 핵심 요소이며, 인체에서 가장 복잡한 기관이기도 합니다. 뇌 혼자 우리의 행동을 조종하는 게 가능할까요?

뇌는 성인을 기준으로 몸무게의 2퍼센트만을 차지합니다. 그렇지만 우리가 들이마시는 산소의 20퍼센트를, 섭취하는 탄수화물의 50퍼센트를 사용하지요. 조그만 꽃양배추 정도의 크기와 모양이지만, 뇌에 있는 수천억 개의 신경 세포 덕분에 우리가 숨을 쉬고, 생각하고, 말하는 것이죠. 마치 우리 몸의 관제탑처럼 몸의 기능과 움직임을 다스립니다. 뇌의 신경 세포(뉴런)와 신경 교세포(뉴런에 영양소를 공급하고 노폐물을 제거해서 도움을 주는 세포)는 신경 전달 물질(도파민, 세로토닌, 아세틸콜린 등)을 배출하며, 이 물질들은 다른 신경 세포나 근육 세포에 영향을 줍니다. 이런 신경 전달 물질이 움직임을 통제하고 기분, 수면, 식욕, 집중력, 주의력, 그리고 기억력을 조절하지요.

한마디로 뇌는 생명에 필수적인 기관입니다. 그렇지만 다른 중요한 기관들이 없다면 뇌는 작동할 수 없습니다. 바로 혈액에 산소를 공급하는 폐와 심장, 에너지를 만들어 주는 간, 몸의 독소를 제거해 주는 신장입니다.

척수는 중요한 짝꿍

더구나 뇌는 척수 없이 제 역할을 할 수 없었을 겁니다. 척추 한가운데 자리 잡고 있는 척수는 뇌와 몸 사이에서 정보를 전달합니다. 뇌와 척수의 이중창이 중추 신경계를 구성하지요.

신경도 중요하긴 마찬가지

마찬가지로 신경이 없다면 가장 중요한 기관인 뇌가 일을 제대로 수행할 수 없을 겁니다. 신경의 일부는 정보를 받아들이고, 또 일부는 명령을 전달합니다. 이는 말초 신경계에 해당하며, 체성 신경계와 자율 신경계로 나뉩니다.
체성 신경계는 몸과 외부 환경이 맺는 관계에 관여하는 신경을 포함합니다. 이 신경은 다양한 감각 기관에서 오는 정보를 뇌로 전달하며, 움직임을 통해 자극에 반응하도록 돕습니다.
자율 신경계는 뇌에 있는 작은 기관인 시상하부가 주로 관장합니다. 소화, 호흡, 혈액 순환, 배설, 호르몬 분비 등 내부에서 생명 활동을 통제하는 데 관여하는 감각 신경과 운동 신경을 통합합니다.
그렇지만 뇌가 이 모두를 통솔하는 지휘자이며, 우리가 자는 동안에도 24시간 내내 일하는 것은 사실입니다. 그러니 좋은 영양소를 공급하고, 잠을 충분히 자고, 신체 활동을 알맞게 해서 뇌를 소중히 아껴 줍시다(152쪽을 참고하세요).

플로랑스 앵뷔제

60

암기력은 훈련하면 높일 수 있다고?

포털 사이트에 '기억력'과 '훈련'이라는 검색어를 입력하면 수많은 조언과 팁들에 파묻힐 지경입니다. 그런데 정말로 기억력을 향상시킬 수 있을까요?

일단 기억에 관한 가장 크나큰 편견부터 비틀어 봅시다. 기억은 딱 한 가지만 있는 것이 아니라, 다섯 가지 체계가 서로 연결된 것입니다. 이 중 네 가지는 장기 기억을 만들어 내고요(152쪽을 참고하세요). 반대로 작업 기억 또는 단기 기억은 일시적으로만 지속됩니다. 일곱 자리 숫자라든가 서로 연관된 일곱 가지 단어를 기억하는 것이 전부이며, 약 30초 정도만 기억할 수 있습니다. 그러니 불과 몇 시간 전에 읽었던 책 제목이 떠오르지 않는다고 해서 걱정할 필요는 없습니다. 그렇지만 건강하게 생활하면서 기억을 도와주는 방법을 적용하면 기억력을 향상할 수 있습니다. 잠재적인 기억력은 개인에 따라 다르며, 시간이 흐를수록 변화한다는 점을 염두에 두고 말이죠.

건강한 생활

질 좋은 수면을 충분히 취하는 것은(138쪽을 참고하세요) 긍정적인 영향을 끼칠 수 있습니다. 식생활(100쪽을 참고하세요), 신체 활동, 사회 활동 역시 중요한 역할을 합니다.

감정은 우리를 도와준다

또 신경과학 분야 연구를 통해 긍정적인 감정이 기억 효과를 일시적으로 향상시킬 수 있는 것으로 나타났습니다. 프랑스 보건의학 연구소의 신경심리학자인 프랑시스 외스타슈는 이렇게 정리합니다. "기억을 고정하고 정보를 붙들어 두는 능력에도 감정이 긍정적인 영향을 끼치는 것으로 보인다. 시간이 흐른 뒤에 감정적 기억을 떠올리는 일은 중립적인 기억을 떠올리는 일에 비해 더욱 강력한 힘을 발휘하는 경우가 많다. 따라서 긍정적인 감정이 있으면 기억을 더 잘 복원하기도 한다.[62]

상상력을 활용해 기억력을 훈련하자

2015년 프랑스의 기억력 챔피언인 세바스티앙 마르티네즈Sébastien Martinez는[63] 잠재된 기억력을 이끌어 내려면 상상력을 활용하라고 제안합니다. 상상력은 "현실적이거나 비현실적인 대상을 머릿속에 표현하는 능력"인데요. 영어 "I fell in love."가 "사랑에 빠졌어."라는 걸 기억하려면, '팰'을 통해 빠져나오기 어려운 구덩이가 눈앞에 '팬' 모습을 떠올리거나 짝사랑으로 깊게 '팬' 두 볼을 연관 지을 수 있지요. 마르티네즈는 대상 사이의 관계를 자유롭게 엮어 보라고 합니다. 그러면 새로운 정보를 이미 습득해 둔 정보에 연결할 수 있지요. 기적 같은 방법이란 없습니다. 기억력 챔피언조차 "뇌는 근육이 아니며, 뇌의 저장 용량을 무한히 증대시킬 수는 없다. 그렇지만 정보를 기록하거나, 습득하는 정보를 분류하는 전략은 향상시킬 수 있다."라고 합니다. 훈련을 즐겁게 만드는 것 역시 이런 전략의 일환이지요. 기억하는 작업이 늘상 효율적일 수만은 없다 하더라도, 즐겁게 흥얼거리면서 할 수 있게끔 말입니다. 이것이야말로 승자의 비법이죠!

알렉상드린 시바르-라시네

---

62) www.inserm.fr/information-en-sante/dossiers-information/memoire
63) www.sebastien-martinez.com

61

시각과 청각을 이용하면 더 오래 기억할 수 있다고?

**전화번호를 기억하고, 열쇠를 둔 곳을 떠올리고,
유명인의 이름을 생각할 때마다 우리는 기억을 끄집어내지요.
여기 신경과학에 관한 속설과 허구가 있습니다.**

기억력은 좋거나 나쁘다

아닙니다. 우리는 '좋은 기억력' '나쁜 기억력'만 있는 게 아닙니다. 다양한 유형의 기억력을 활용하지요. 작업 기억, 삽화적 기억, 의미 기억, 지각적 기억, 절차적 기억 또 감각적 기억을요.

실제로 일부 사람들은 비상한 기억력을 가지고 있기도 합니다. 이를테면 파이(π)의 소수점 이하의 수많은 숫자들을 기억해서 하나하나 읊거나, 백 단위의 제곱근을 몇 초 만에 찾아내기도 합니다. 그렇지만 아직까지는 이런 능력을 설명해 주는 유전적 요인은 전혀 없습니다. 실험용 쥐를 통해 훈련과 기억 작용에 연관된 유전자 수백 개를 조사해 봤지만요.

비범한 기억력을 지닌 개인들은 보통 다양한 전략을 활용해 능력을 발휘합니다. 숫자를 색깔이나 형태와 결합하고, 이야기 속에 들어 있는 정보와 다른 기억을 통합합니다. 학생들이 쪽지 시험 전날 벼락치기 하듯 정보를 여러 번 반복해 기억하는 것은 단기적으로만 효과가 있습니다.

시각적 기억력이냐, 청각적 기억력이냐?

훈련법 이론에 따르면 어떤 학생들은 '시각적' 기억에 뛰어나고, 어떤 학생들은 '청각적' 기억에 능하며, 또 다른 학생들은 '운동 감각' 기억이 우수하다고 주장합니다. 시각과 청각 그리고 촉각적 형태로 가르칠 때 더 잘 이해하고 기억한다는 것이죠.

하지만 실제로는 전혀 그렇지 않습니다. 우리가 기억력을 발휘하는 방식은 훨씬 폭넓기 때문이지요. 영국의 학자 프랭크 코필드Frank Coffield[64]는 시각적인지, 청각적인지, 운동 감각적인지, 좌뇌인지, 우뇌인지, 분석적인지, 통합적인지, 이성적인지, 감정적인지 등을 결합해 71가지나 되는 훈련법을 만들기도 했습니다.

기억력을 훈련하는 방식에는 정확히 경계가 나뉘는 한 가지 영역이 아니라 어느 정도 발달한 다양한 영역이 서로 관여하기 때문입니다.

또 하나, 강요된 방식보다 학생이 선호하는 방식을 자율적으로 따랐을 때 더 잘 학습한다는 것을 증명한 연구가 없었는데요. 학술 논문에 따르면, 지식을 습득할 때 여러 양식을 혼합한 정보를 제시하는 게 훨씬 도움이 된다고 합니다.

플로랑스 앵뷔제

---

64) 코필드(Coffield) F. 외, 〈포스트-16 학습에서의 학습법과 교육법: 체계적이고 비판적인 검토〉, 런던 학습과 기술 리서치 센터, 2004.

62

뇌가 크면 지능도 높다고?

우리는 오랫동안 뇌의 크기가 지능을 결정짓는 요소라고 믿어 왔습니다. 과연 정말일까요?

1,400세제곱센티미터. 평균적인 뇌의 부피입니다. 다만 네안데르탈인의 뇌가 1,520세제곱센티미터였다는 걸 고려하면, 그다지 으스댈 만한 크기는 아닙니다. 우리 뇌는 더 작아진 것 같습니다!

머리가 큰 것은 아무 의미가 없다

2011년 앙투안 발조Antoine Balzeau, CNRS 및 자연사 박물관와 도미니트 그리모-에르베Dominique Grimaud-Hervé, 자연사 박물관의 연구에 따르면, 머리 크기와 지능은 아무런 의미가 없습니다.[65] 현생 인류의 경뇌막[66] 102개와 3만 년 전 호모 사피엔스(크로마뇽인)의 경뇌막 화석 15개를 비교한 결과, 연구자들은 현생 인류의 뇌가 크로마뇽인보다 훨씬 작다는 것을 알아냈습니다. 3만 년 전부터 뇌의 크기가 작아지고 형태도 바뀌어 온 것입니다. "이는 호모 사피엔스의 뇌가 해부학적으로 변하기 쉽다는 사실과 더불어, 뇌의 크기와 형태와 인지 능력이 얼마나 복잡한 관계를 맺고 있는가를 보여 준다."라고 발조는 평가하지요.[67] 오늘날, 대부분의 과학자들은 소두증과 같이 병리학적인 경우를 제외하고는 뇌의 크기가 개인의 인지 능력에 영향을 끼치지 않는다는 데 동의합니다.

뇌의 크기는 개인의 지적 능력에 아무런 영향을 끼치지 않습니다.

뇌가 없는 천재, 블롭

최근 동물행동학 연구는 지능을 발휘하기 위해 꼭 뇌가 있어야 하는 건 아니라는 사실을 보여 줍니다. 황색망사점균(Physarum polycephalum)이라고도 하는 블롭에 관한 동물인지센터의 오드리 뒤쉬투르Audrey Dussutour의 연구가 그 증거입니다. 뇌가 없는 이 단세포 생물은 자신의 경험을 바탕으로 학습할 수 있으며, 이 생물이 지능이 있다는 것을 보여 주는 특징이기도 합니다.[68] "뇌가 없는 이 천재 생물은 같은 종의 개체와 몸을 합치면서 정보를 전달할 수 있습니다. 2019년에는 블롭이 학습한 정보를 1년 동안 기억할 수 있다는 사실을 증명하는 데에도 성공했지요."라고 뒤쉬투르는 밝힙니다.[69] 그는 다음과 같이 말합니다. "동물행동학자로서 이와 같은 능력이 진화 과정에서 어떻게 자리 잡아 왔는가에 관심이 있습니다. 이런 연구는 지적 능력의 기원에 대해 답을 줄 수 있으며, 우리 인간이 조금이라도 겸손해지도록 할 것입니다."

알렉상드린 시바르-라시네

65) 제1836회 파리 인류학회의날, 자연사박물관에서 발표, 2011. 1. 27. www.sciencedirect.com
66) 두개골과 뇌의 안쪽 부분.
67) www.hominides.com/html/actualites/taille-cerveau-cro-magnon-homo-sapiens-0391.php
68) "새롭거나 복잡한 상황에 유연하게 대응하는 능력"이라는 의미에서의 지능: 엠마뉘엘 푸아드바(Emmanuelle Pouydebat), 〈동물의 지능〉(2017), p.16.
69) UMR 5169 CNRS, 툴루즈(Toulouse) 제3대학.

63

나이를 먹을수록 기억력이 떨어진다고?

다행히 기억력 감퇴가 치매와 같은 기억력 장애를 의미하는 것은 아닙니다. 기억력이 떨어지는 것은 막을 수 없지만 기억력을 유지할 수는 있어요!

"우리가 사용하지 않으면 기억력은 닳기 마련이다."라는 말이 있습니다. 안타깝게도 기억력은 나이를 먹어감에 따라 감퇴하기도 해요. 아무리 뛰어난 사람이라도 나이를 많이 먹을 때까지도 완벽하게 작동하는 것처럼 보이더라도 말입니다. 실제로 수많은 연구들은 젊은 층과 비교했을 때 나이 든 사람들의 명시적 기억과 작업 기억이 두드러지게 감소한다는 것을 보여 주었습니다.

명시적 기억이란 겪었던 사건에 관한 삽화적인 기억력으로, 세상에 관한 실제적인 지식을 다루는 의미 기억입니다. 작업 기억이란 이해, 추론, 문제 해결과 같이 다양한 과업을 수행하는 동안에 다룰 법한 세세한 정보를 일시적으로 유지하는 능력이지요.

위의 두 가지 유형의 기억력은 주의력과 관련이 있으며, 기계적인 절차가 아닌 통제된 절차가 상당히 필요합니다. 반면, 암묵적 기억(또는 '명시적이지 않은 기억'이라 하는, 자전거를 타거나, 설거지를 하는 등 일상적이고 반복적인 일을 수행함)과 감정적 기억(기쁨이나 슬픔이 얽힘)은 손상되지 않거나, 손상 정도가 적습니다.

치매라는 유령

50세 이상 인구의 50퍼센트는 기억력에 자신이 없습니다. 모든 연구는 공통적으로 노화하는 뇌의 대뇌 피질에서는 뉴런과 시냅스가 감소하고, 노인성 판이라고 하는 것이 증가하며, 신경이 쇠퇴한다고 설명합니다. 그렇지만 이러한 구조적인 변화와 '정상적이라' 여겨지는 나이 든 당사자의 인지 능력의 변화 사이의 관계는 입증되지 않았습니다.

한편, 나이가 많아짐에 따라 뇌는 뇌혈관계 질환, 종양, 퇴행성 질환(파킨슨병이나 치매처럼 두 가지가 복합적으로 찾아와 인지 장애를 유발할 수도 있음)에 취약해진다는 것이 역학 조사를 통해 드러났습니다. 때문에 기억을 까먹는 일이 반복되면 걱정을 불러일으키지요. 문제가 자주 반복되고 일상에 영향을 끼칠 경우, 치매 전문의에게 진료를 받아야 합니다.

기억력은 스스로 유지된다!

시간이 흐를수록 기억력이 둔감해진다 하더라도, 기억력을 유지하는 방법이 있습니다. 기회가 생길 때마다 뇌를 자극하세요(실제 사용되는 언어를 익히고, 책을 읽고, 십자말풀이를 하고, 스도쿠를 하세요)! 사회 관계를 유지하고, 신체 활동을 하고, 청결한 생활을 하며, 잠을 충분히 자는 것도 중요합니다. 또 텔레비전을 멀리할 것을 추천합니다. 이 모든 행동을 함께 하면 전반적으로 좋은 건강 상태와 기억력을 유지할 수 있으며, 치매 등 인지 능력 약화가 일어날 위험이 줄어들지요.

플로랑스 앵뷔제

생물 다양성

64

금붕어는 기억력이 3초라고?

3초 전에 한 일을 기억하지 못한다는 금붕어,
이 속설은 사실일까요?

금붕어는 기억력이 없다고요? 영국 플리머스Plymouth 대학교 소속 심리학 연구자인 필립 지Philip Gee는 그게 정말인지 확인해 보고 싶었습니다. 4주에 걸쳐, 손잡이를 움직이면 먹이를 먹을 수 있도록 금붕어(Carassius auratus) 여덟 마리를 훈련시켰습니다. 한데 이 손잡이로 하루에 딱 한 번, 정해진 시간에만 먹이를 줬습니다. 생물학자 엠마뉘엘 푸이드바Emmanuelle Pouydebat는 동물의 지능을 다룬 본인의 저서[70]에서 "작은 금붕어들은 알맞은 시간에 딱 맞춰 손잡이를 작동하는 법을 익혔으며, 먹이가 나오는 시간이 가까워질 때면 손잡이 주위로 모여들기까지 했습니다."라고 합니다. 1994년 필립 지가 발표한 연구[71]에 따르면, 실험을 종료하고 며칠 뒤에도 금붕어들의 행동은 계속됐다고 합니다. 나아가 "이 금붕어들은 다른 물고기를 확실하게 알아볼 수 있으며, 어떤 개체가 진짜 경쟁 상대인지를 기억할 수 있었다."라고 합니다.

---

70) 〈동물의 지능: 새들의 뇌와 코끼리의 기억력〉(2017).

71) 지(Gee) P., 스티븐슨(Stephenson) D., 라이트(Wright) DE, 〈금붕어(Carassius auratus)의 자발적 급여 학습 과정의 시간적 차이〉, J Exp Anal Behav., 1994. 7.; 62(1): 1-13. doi: 10.1901/jeab.1994.62-1. PMID: 16812735; PMCID: PMC1334363.

오래된 루머

이후 실시된 다른 실험들 역시, 금붕어가 소리를 듣고 먹이가 올 것이라는 사실을 연관 지어 생각할 수 있다거나, 심지어는 미로 안에 넣어 둔 먹이까지 도달하는 길을 몇 달 동안 기억할 수 있다는 사실을 입증했습니다. 따라서 금붕어의 기억력이 3초라는 것은 루머입니다. "실제로 금붕어의 기억력은 3개월에 가까울 것."이라고 푸이드바는 강조합니다.

또 이런 루머가 계속 떠도는 것은 우리가 그걸 자꾸 써먹기 때문이지요! 금붕어는 장기 기억력이 없으니 작은 어항에 집어넣더라도 지겨워하지 않을 거라면서 말이죠. 이 주장은 죄다 거짓입니다. 여느 동물들과 마찬가지로 금붕어는 적응과 학습 능력을 지닌 예민한 생명체입니다. 전혀 풍족한 환경도 아니고, 생리적 사회적 정서적 요구를 표현할 만한 가능성도 차단한 채, 몇 평방센티미터짜리 어항에 금붕어를 가두는 것은 오히려 금붕어 주인이 어리석다는 것을 드러낼 뿐입니다.

알렉상드린 시바르-라시네

65

황소는 빨간색을 보면 흥분한다고?

**빨강은 황소가 돌진할 정도로
흥분시키는 색이라고 잘 알려져 있죠.
하지만 정말 그럴까요?**

빨간색은 우리 망막에서 빛을 수용하는 수많은 원추 세포 덕분에 인식 가능한 원색에 해당합니다. 낮의 시력과 연관이 있으며 원추 세포를 사용해 색과 디테일을 구분할 수 있습니다. 그렇지만 황소의 경우는 어떨까요? 황소는 빨간색, 노란색, 초록색, 파란색을 구분하는 능력이 있기는 하나, "색을 보는 시력은 거의 중요하지 않으며, 사용하지 않는 것이 분명"하다고 수의학 박사 마리-로랑스 페레Marie-Laurence Ferret가 논문[72]에서 밝히고 있습니다. 황소는 원추 세포가 아주 조금밖에 없으며, 색깔보다는 "물체가 지닌 다양한 형체와 빛의 세기에 더 민감"하기 때문입니다.

따라서 매우 널리 퍼져 있는 선입견과는 달리, 투우사가 바로 코앞에서 망토라든가 붉은 천을 휘두를 때 황소가 빨간색을 눈여겨볼 만한 이유는 전혀 없습니다. 그런데 투우 경기가 항상 지금처럼 치러졌던 것은 아닙니다. 17세기에는 투우에 쓰이는 망토가 보라색이었습니다. 1914년 이전까지는 하늘색, 초록색, 레몬색, 보라색으로 물들인 망토를 가리지 않고 사용했습니다.

---

72) <투우장 황소의 행동과 선택에 관한 해부학적 및 생리학적 근거>, 2005년 크레테유(Créteil) 의대 발표.

황소는 움직임을 인식한다

마지막으로 투우를 시작할 때 황소들이 달려드는 망토의 색은 사실 분홍색입니다. "확인된 사실과 황소에 관한 경험을 바탕으로 볼 때, 빨간색이 황소의 행동에 결정적인 영향을 끼치지 않는 것으로 결론짓게 되었다. 투우를 할 때 중요한 것은 색을 인식하는 것이 아니라 움직임을 인식하는 것이다."
황소가 사용하는 원추 세포의 수는 제한적이지만, 반대로 간상체는 많이 가지고 있습니다. 움직임과 명암을 분석하는 역할을 하는 감광 세포지요. 따라서 투우사가 붉은 천으로 황소를 유인하는 것은 움직임과 함성, 명령이 합쳐진 결과입니다.

투우사가 붉은 천으로 황소를 유인하는 건
움직임과 함성, 신호가 합쳐진 결과물

경기장에서는 시각이라는 감각만 사용하는 것이 아니기 때문이지요. 여러 번 씹어 소화시키는 반추 동물들은 대단히 발달한 청각을 가지고 있습니다. 주변에서 어떤 일이 벌어지는지 잘 알려 주지요. 따라서 황소가 돌격하게 만드는 가장 주요한 요인은 움직임이지, 투우 마지막에 사용하는 붉은색 천이 아닙니다. 황소가 투우장에서 벗어나려고 하는 것은 목숨에 위협을 받기 때문인데요. 페레 박사는 "붉은색은 그저 싸움과 스페인의 축제를 상징하는 피의 색일 뿐"이라고 말합니다.

알렉상드린 시바르-라시네

66 고양이가 우울증을 치료한다고?

우리와 함께 사는 고양이들은 정말로 치유하는 힘이 있습니다.

가르랑거리는 소리는 꿀꿀함을 해소해 준다

그렇다면 고양이를 가까이 두기만 하면 상태가 나아지는 것일까요? '가르랑 치료법'을 만들어낸 수의사 장-이브 고셰Jean-Yves Gauchet는 그렇다고 주장합니다. 작은 반려 고양이가 내는 가르랑 소리는 마음을 진정시키고 안정감을 주는 효과가 있기 때문입니다. 인간은 이 소리를 고막을 통해서도 듣지만, 피부에 있는 감각 기관을 통해서도 인지합니다. '파치니 소체'라고 하는 피부밑 조직인 감각 기관은 진동을 전기 자극으로 바꾸어 뇌로 전달합니다. 뇌는 이에 반응하며 세로토닌을 분비하는데요. 세로토닌은 잘 알다시피 수면과 기분에 영향을 끼치는 호르몬이죠.

가르랑 소리는 천연 항우울제

이 소리는 우리 몸에 동화 작용을 촉진할 수도 있어요. 물론 입증을 거쳐야 하지만요. 25~50헤르츠의 낮은 진동[73]은 골절이나 관절 파열 시 회복을 수월하게 하는 조직을 만들어 내는 주파수대죠.

반려묘 덕분에 주인이 우울증에 걸릴 확률이 감소한다는 사실도 입증됐고요. 특히 인지 장애나 치매가 있다면 더요. 일부 요양 시설과 노인 병동, 동물 치료법을 쓰는 정신과에서는 고양이를 '치료 매개물'로 활용하지요. 언제쯤 모두가 협의를 거쳐 '가르랑 치료법'을 처방전에 올릴까요?

알렉상드린 시바르-라시네

---

73) 미국 생체 음향 전문가 엘리자베스 폰 뮈겐탈러(Elizabeth von Muggenthaler)와 그녀의 연구팀의 2000년대 연구 참고.

나는 나는 반려인에게
'가르릉 치료법'을
쓰고 있어.
멋지네! 난 노인들
곁에서 자원 봉사를
하고 있어.
CHALTESSE

67

박쥐는 바이러스의 온상이라고?

**누군가에게는 매력적이고,
누군가에게는 두려움을 불러오는 박쥐
비밀스럽고 위험한 의혹을 파헤쳐 봅시다.**

끔찍한 바이러스의 온상!

부르주Bourges 박물관 부관장이자 익수류 전문가인 로랑 아르튀르Laurent Arthur는 "인간을 포함해 모든 포유류에는 바이러스가 있으며, 인간 역시도 이러한 공진화의 산물"이라고 합니다. 프랑스에 서식하는 박쥐 34종을 살펴보면, 집에서 키우는 반려묘와 비교했을 때 더 지저분하다거나 바이러스, 박테리아, 미생물이 들끓지 않습니다. "게다가 인간은 수 세기 동안 박쥐가 사는 헛간, 곳간, 종탑에 둘러싸여 박쥐와 함께 살아왔다."라며 사람들을 진정시키지요. 유럽 지역에서 인간에게 전염될 수 있다고 알려진 유일한 질병은 박쥐 공수병인데요. 문둥이박쥐의 99퍼센트가 이 바이러스를 보유하고 있습니다. "오늘날 프랑스에서 이 질병으로 사망하는 사람은 없지만, 조금이라도 위험을 감수하고 싶지 않다면 박쥐를 맨손으로 만지지 않는 것이 가장 좋습니다."

박쥐의 '구아노'를 접촉하면?

이 주장도 거짓입니다. 배설물 덩어리인 구아노에는 질병을 유발하는 바이러스가 살지 않습니다. 따라서 훌륭한 비료인 구아노를 포기한다면 아쉬울 테지요. 눈에 보이는 박쥐 서식지에 덮개를 덮어 두면 거둘 수 있는 비료를 말입니다. 하지만 혹시나 겨울을 맞이해 헛간이나 곳간을 대청소한다면, 마스크와 장갑을 껴서 먼지를 차단하고, 청소가 끝난 뒤 손을 씻을 것을 권합니다. 마치 고양이 화장실을 청소한 다음에 하는 것처럼, 당연히 해야 하는 것처럼 말이지요.

머리카락에 매달리는 박쥐!

마지막으로 이 뿌리 깊은 미신을 끝장내 봅시다. 박쥐는 머리카락에 매달리지 않습니다. 아무리 긴 머리카락이라도 말이죠. 물론 시도는 해 볼 수 있어요. 토양박물학자인 프랑수아 프뤼돔François Prud'homme은 『박쥐는 빛을 무서워할까』(2013)라는 책에서 이렇게 얘기합니다. "의도치 않게 박쥐들을 자극하긴 했지만, 제 등장에 짜증 난 박쥐 몇몇이 도망간 좁은 통로에서 머리는 그대로였습니다. 박쥐들이 날갯짓하며 지나가는 것이 느껴졌고, 심지어 날개 끄트머리가 제 얼굴을 건드리기도 했지만요. 박쥐들은 머리카락에 매달리는 걸 재밌어했고, 그런 행동을 여러 번 하기도 했지만 별일은 없었습니다." 그리고 강조하지요. "전설 같은 이 환상은 사실과 전혀 다릅니다."

알렉상드린 시바르-라시네

68

쥐는 청결한 동물이라고?

**시궁창이나 음침하고 미심쩍은 장소가 연상되는 쥐,
그다지 호감이 가는 동물은 아닌 듯합니다.
과연 근거가 있을까요?**

18세기 초 중국인 이민자들과 함께 런던에 도착한 시궁쥐 또는 갈색쥐는 빠르게 영역을 넓혀 갔습니다. CNRS 연구원인 생태학자 세르주 모랑Serge Morand은 "빼어난 수영 선수인 시궁쥐는 물을 통해서 기반 시설에 접근해 인간의 거주지를 점령했다. 그리고 유럽 제국주의의 발달에 맞춰 세계 정복에 나섰다."라고 설명합니다. 어마어마한 적응 능력을 지닌 이 설치류는 오늘날 전 세계 어느 도시에나 있으며, 하수구를 점령하고 있습니다. 대다수의 인간에게는 해로운 일입니다. 시궁쥐라는 불쾌한 이웃이 없다면 잘 지낼 수 있을 텐데 말이죠.

고질적인 악명

그렇지만 쥐에게 들러붙은 것은 더러움이 아닌 선입견입니다. 털을 관리하는 일을 고양이만큼이나 신경 쓰는 시궁쥐는 실제로 몸을 단장하는 데 상당한 시간을 들입니다. 시궁쥐는 하루에 몇 번씩 혼자 또는 여럿이서 털을 손질합니다. 수컷 우두머리부터 서로 핥고 어루만지는 것은 집단의 단결력을 높이는 데도 한몫하지요. 갈색쥐를 선별해서 생겨난 애완용 쥐의 경우, 화장실로 가서 배변하는 법을 아주 빠르게 익힙니다.

하루 쓰레기 800톤

쥐들은 청결하기만 한 것이 아니라, 우리 인간이 만들어 낸 쓰레기의 일부를 치워 주기까지 합니다. 기회주의적인 잡식 동물인 시궁쥐는 사실 인간과 공생하는 관계입니다.

고양이만큼이나 털 관리에 신경 쓰는 시궁쥐는 실제로 몸단장에 상당한 시간을 씁니다.

다시 말해, 시궁쥐는 우리 식탁에서 나오는 것들로 먹고삽니다. 그리고 인간은 매일 쥐들에게 엄청난 연회를 열어 주고 있지요. WWF에 따르면, 파리 하수구에 사는 쥐들은 매일 쓰레기 800톤을 먹어치운다고 합니다. 이렇게 함으로써 쥐들은 인간의 활동이 만들어 내는 쓰레기 산을 줄여 나가는 데 결코 무시할 수 없는 역할을 하고 있습니다. 또 쥐들이 음식을 찾으러 지상으로 올라오지 못하게 하려면, 남은 음식을 길거리에 버리지 말아야 하고요. 쥐들이 생각만큼 더러운 것은 아니지만, 다른 포유류와 마찬가지로 기생충을 옮길 수 있기 때문입니다.
2017년 INRA, 베타그로 쉽(VetAgro Sup), 파스퇴르 연구소가 실시한 조사에 따르면, 인간과 동물에게 잠재적으로 질병을 일으킬 수 있는 기생충 7종 이상이 파리 지역 공원에서 포획한 시궁쥐들에게서 발견되었다고 합니다.

알렉상드린 시바르-라시네

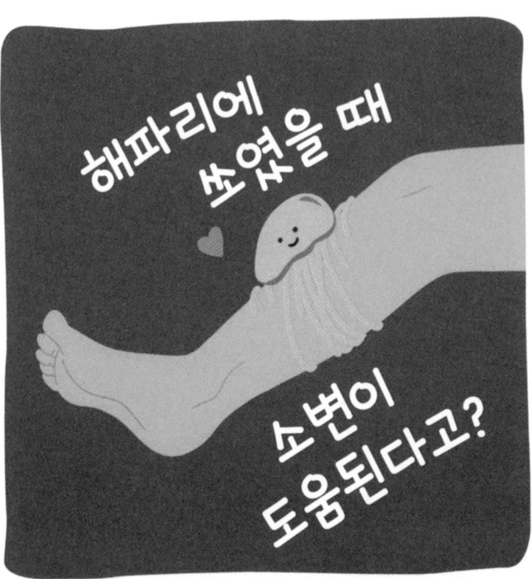
해파리에
쏘였을 때
소변이
도움된다고?

뭐 봐?
<프렌즈>, 옛 에피소드
다시 보고 있어.
으아아악!
모니카,
왜 그래?
진짜
아파!

통증을 잠재울 방법은
한 가지뿐인데… 물린 곳에다
오줌을 싸야 돼!
뭐, 챈들러?

말도 안 돼… 나아지기는커녕
오줌을 누면 더 안 좋아지는데.
아, 그래? 그치만
우리 할머니도 그렇게
하라고 했는데?

해파리들 촉수는 '자포'라고 하는 작은 캡슐로
져 있어. 안에는 일종의 작은 갈고리가
있지. 해파리 촉수가 사람 피부에
면, 캡슐이 열리고 갈고리가
서 독을 주입해.
이 캡슐은 담수나 소변처럼 다른 물질에도 반응해서,
런 물질에 닿으면 터져 버려. 촉수가 아직 피부에 붙어 있는
상태라면, 찔린 곳에 오줌을 눴다가는 캡슐이
더 많이 터져 고통이 심해질 수도 있어!

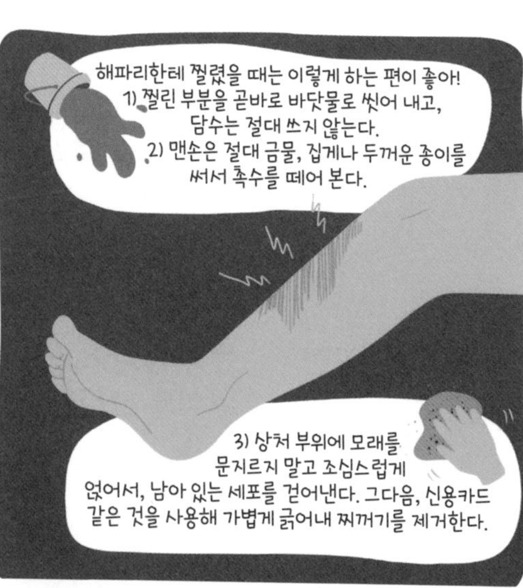
해파리한테 찔렸을 때는 이렇게 하는 편이 좋아!
1) 찔린 부분을 곧바로 바닷물로 씻어 내고,
담수는 절대 쓰지 않는다.
2) 맨손은 절대 금물, 집게나 두꺼운 종이를
써서 촉수를 떼어 본다.
3) 상처 부위에 모래를
문지르지 말고 조심스럽게
얹어서, 남아 있는 세포를 걷어낸다. 그다음, 신용카드
같은 것을 사용해 가볍게 긁어내 찌꺼기를 제거한다.

아무튼 오줌을 누는 것보다는
더 효과적이고 훨씬 안 더럽지!
그러네, 하지만
드라마에서는 덜
재밌었을 거야.
한 얘기지만, 통증이 지속된다면
의사나 약사를 찾아가야겠지.

우리도 진작에
알았으면 좋았을
텐데…
그러면 다음 장면에서
벌어질 불편한 상황을
막을 수 있었을 텐데!
그러게 말야…
Clémence Gouy × CURiEUX!

70

상어가 사람을 잡아먹는다고?

상어가 인간을 공격하는 모습을 담은
거짓 사진이나 영상이 돌아다닙니다.
인터넷은 부정적이고 잘못된 이미지를 실어 나르지요.
현실은 조작된 것과 전혀 딴판이니까요!

'바다의 이빨'인 상어의 먹잇감이 될 수도 있다는 걱정은 스티븐 스필버그의 영화에서 비롯된 것이 아닙니다. 상어에게 잡아먹힌다는 고정 관념은 우리 마음속 깊은 곳에 자리 잡고 있는, 비합리적인 두려움에 지나지 않거든요. 상어 전문가인 베르나르 세레Bernard Seret는 "사람은 물에 들어갈 때보다 길을 걸을 때 훨씬 더 위험에 노출되어 있다."라고 하는데요. 수치가 이를 증명해 줍니다.

래브라도가 백상아리보다 더 위험하다?

"전 세계적으로 1년에 평균 70~100건의 공격 사례가 보고되며, 사망하는 경우는 6건 정도입니다. 오대양 바다를 가로지르는 일이 점점 증가한다는 점을 감안한다면, 얼마 안 되는 수치에 불과하죠."

세레는 비교해 볼 만한 수치로 프랑스에서 개에 물려 사망한 경우를 듭니다. 지난 20년간 33건으로, 1년에 1.7명꼴입니다. 대부분의 사고는 집에서 벌어졌으며, 모두의 예상을 뛰어넘고 '착한 멍멍이'라고들 하는 래브라도 견종이 포함되어 있습니다.

지난 50년 동안 상어 때문에 인간이 사망한 사고의 80퍼센트는 약 535종의 상어 가운데 3종이 주요 원인입니다. 가장 많은 종이 속하는 육식 상어 뱀상어, 황소상어, 백상아리죠. 이들이 위험한 까닭은 크기가 크고 해안에 자주 출몰한다는 것과 연관이 있습니다. 그렇지만 위험이란 아주 상대적입니다.

상어는 인간을 별로 먹지 않는다?

상어는 수영이나 서핑하는 사람들을 물어뜯겠다고 의도적으로 선택하지 않습니다. "자연에 있는 상어는 야생 동물이지요. 상어는 기회주의적인 포식자이기도 합니다. 자신이 할 수 있는 한, 잡기 쉬운 것이라면 물고 먹을 수 있는 것이라면 먹을 뿐입니다." 그래서 다 자란 백상아리는 먹잇감이었던 인간을 '내뱉는' 경우가 많습니다. 백상아리 입맛에는 기름기가 충분하지 않기 때문입니다. 백상아리의 먹이는 주로 강치, 바다표범, 코끼리물범입니다.

몇 년 전 크기가 작은 종을 대상으로 진행한 실험은 인간의 혈액 샘플이 오징어나 새우의 혈액 샘플보다 상어의 관심을 덜 끈다는 사실을 보여 줍니다. 이것이 바로 인간은 상어의 먹잇감이 아니라는 증거입니다. 오히려 해마다 상어 7천만~1억 마리가 살육을 당하는데요. 주로 지느러미를 찾는 인간의 입맛을 충족시키기 위해서입니다. 누가 누구를 무서워해야 할까요?

알렉상드린 시바르-라시네

71

겨울잠을 자는 동안 새끼를 낳는 동물이 있다고?

날이 추워지면 어떤 동물은 굴속에서
몸을 웅크리고 겨울 날 채비를 합니다.
인간도 그럴 수 있다면 얼마나 좋을까요!

들쥐는 깊은 잠을 잔다?

들쥐만 한 작은 겨울잠쥐는 깊은 잠을 자는 것으로 유명합니다. 그러니 "들쥐처럼 잔다."라는 말은 일리가 있습니다. 들쥐는 1년에 일곱 달 이상을 자는 것으로 알려졌으니까요. 들쥐는 가을이 되면 거하게 식사를 한 다음, 봄이 올 때까지 몇 달 동안 기나긴 휴식에 들어갈 준비를 합니다. 영리한 녀석이지요! 잠을 통해 낮은 기온과 비가 많이 내리는 계절을 피하는 겁니다. 살을 찌우고 칼로리를 비축해 가족 단위로 생활하며 굴속에 머무를 수 있지요.

휴면일까, 동면일까?

'깊이 잠을 자느냐, 일어나서 화장실도 가고 냉장고도 열어 보느냐? 그것이 문제로다…….' 휴면하는 동물 중 어떤 동물은 생체 시계 덕분에 정해진 시간 동안 혼수상태에 빠지고, 또 어떤 동물은 특정 기온에 이르면 휴면을 시작합니다. 다람쥐과 마르모트는 휴면으로 유명한데요. 위에 덮인 눈으로 매서운 추위를 막아 따뜻하게 잠을 잡니다.

자, 너튜브 한 편 보고
자러 가자!

반대로 겨울잠을 자는 동물은 몇 주 내내 잠을 자지는 않습니다. 자신의 거처로 몸을 피하는 곰이 이 경우에 해당하지요. 심지어 겨울잠을 자는 동물 중 일부는 이 기간에 새끼를 낳을 수도 있습니다. 어떤 동물은 잠에서 깨, 추위가 닥치기 전 땅굴 속에 치밀하게 쌓아 둔 식량을 먹습니다. 빗대어 보자면, 마치 겨울 내내 잠옷을 입고 담요와 김이 피어오르는 차, 드라마를 챙겨 소파에서 따뜻하게 빈둥거리다가, 내킬 때면 잠을 자는 것과 같습니다. 아름다운 인생이지요!

인간은 왜 휴면을 하지 않을까?

우리 인간은 매일 아침 일어나 일을 하러 가야 합니다. 끔찍한 생활이라고요? 난방 장치도, 온수도 없는 동물에게 휴면이란 보호 수단입니다. 특히나 식량도 부족하지요. 그래서 살아남으려면 적응을 해야만 합니다. 나아가 우리가 겨울에 음식을 더 많이 먹는 이유도 바로 이 때문입니다. 체온이 아주 정확하게 정해져 있고, 기온이 바뀌는 것을 달갑게 여기지 않는 우리의 몸은 몸을 데울 만한 연료로 칼로리가 필요합니다. 신진대사가 제대로 이뤄져야 하며, 몸은 칼로리를 얻고자 당분이나 지방을 찾는 겁니다.

다른 동물도 인간과 마찬가지입니다. 다만 동물들은 들쥐처럼 겨울 내내 자지 않습니다. 겨울잠을 자기 위해서는 TRPM8 수용기가 활성화되고, 추위 때문에 우리 몸이 위험에 이르렀다는 신호를 보내야 합니다. 휴면하는 동물에게는 이런 위험 신호가 없습니다. 우리 인간은 이번 겨울에 굳이 이 얄미운 TRPM8을 차단하러 나설 필요가 없습니다.

알렉상드르 마사

72

거미는 사람을 물지 않는다고?

발이 부었고, 목에는 붉은 자국이 나 있다고요? 확실합니다!
밤 동안 거미가 몰래 비겁한 키스를 하고 간 것입니다.

아침에 눈을 떴는데 온몸에 붉은 자국이 나 있다면 밤새 거미한테 물렸을지도 모른다는 생각에 등골에 소름이 쫙 끼칠 겁니다. 범인은 따로 있지만요. 국립 자연사 박물관(MNHN)의 거미학자인 크리스틴 롤랑Christine Rolland이 언급하듯이, "거미는 사람을 물지 않기 때문"입니다. 거미는 먹잇감을 물어 독을 주입해서 힘을 뺀 다음 잡아먹습니다. 하지만 인간은 거미의 식단에 올라와 있지 않습니다. 더구나 전 세계에 있는 거미 48,700종 가운데 70퍼센트는 1센티미터가 채 안 됩니다. 우리 인간 쪽이 권력 관계에서 우위에 있다고 할 수 있지요! 거미가 우리를 물려고 해도, 협각[74] 끝에 달린 거미의 침은 인간의 피부라는 장벽을 뚫을 수 없어요. 우리 피부가 너무 두꺼우니까요!

---

74) 모든 거미는 몸 앞부분에 협각 한 쌍을 가지고 있는데, 협각은 움직일 수 있도록 이뤄져 있으며, 끝에 침이 달려 있다.

인간은 연간 십여 마리의 거미를 삼킨다

우리의 피를 빨아 먹는 모기와 달리, 거미는 사람을 물지 않습니다! 그래서 인간이 거미를 붙잡으려 할 때 드물게 벌어지는 "인간을 물어뜯는 경우는 공격이 아니라 방어를 위한 반응"이지요. 거미 공포증인 사람들은 안심할 수 있을까요? 우리가 자는 동안 1년에 십여 마리의 거미를 삼킨다는 또 다른 편견을 믿고 있다면 아직 안심할 수 없겠지요. 롤랑은 이 또한 "생물학적 근거가 전혀 없는" 주장이라고 다시 한 번 강조합니다.

먹잇감도 아니고 짝이 될 가능성도 없는 이상,
거미는 인간에게 아주 조금도 관심이 없습니다.

물론 거미 가운데 아주 일부는 인간의 집을 들락거리며 대부분은 밤에 모습을 나타냅니다. 그렇지만 이 거미들이 축축하고 열악한 환경인 우리의 입 속으로 기어들어와 제 발로 곤경에 처할 만한 이유는 없겠지요. 먹잇감도 아니고 짝이 될 가능성도 없는 이상, 거미는 인간에게 아주 조금도 관심이 없습니다. 게다가 진동, 공기의 움직임, 냄새를 아주 예민하게 지각하는 거미가 자는 사람이 내는 소리에 이끌릴 리는 전혀 없습니다. 그럼에도 비합리적인 두려움 때문에 잠자기가 망설여진다면, 코를 요란하게 고는 사람에게 곁을 지켜 달라고 부탁하세요.

알렉상드린 시바르-라시네

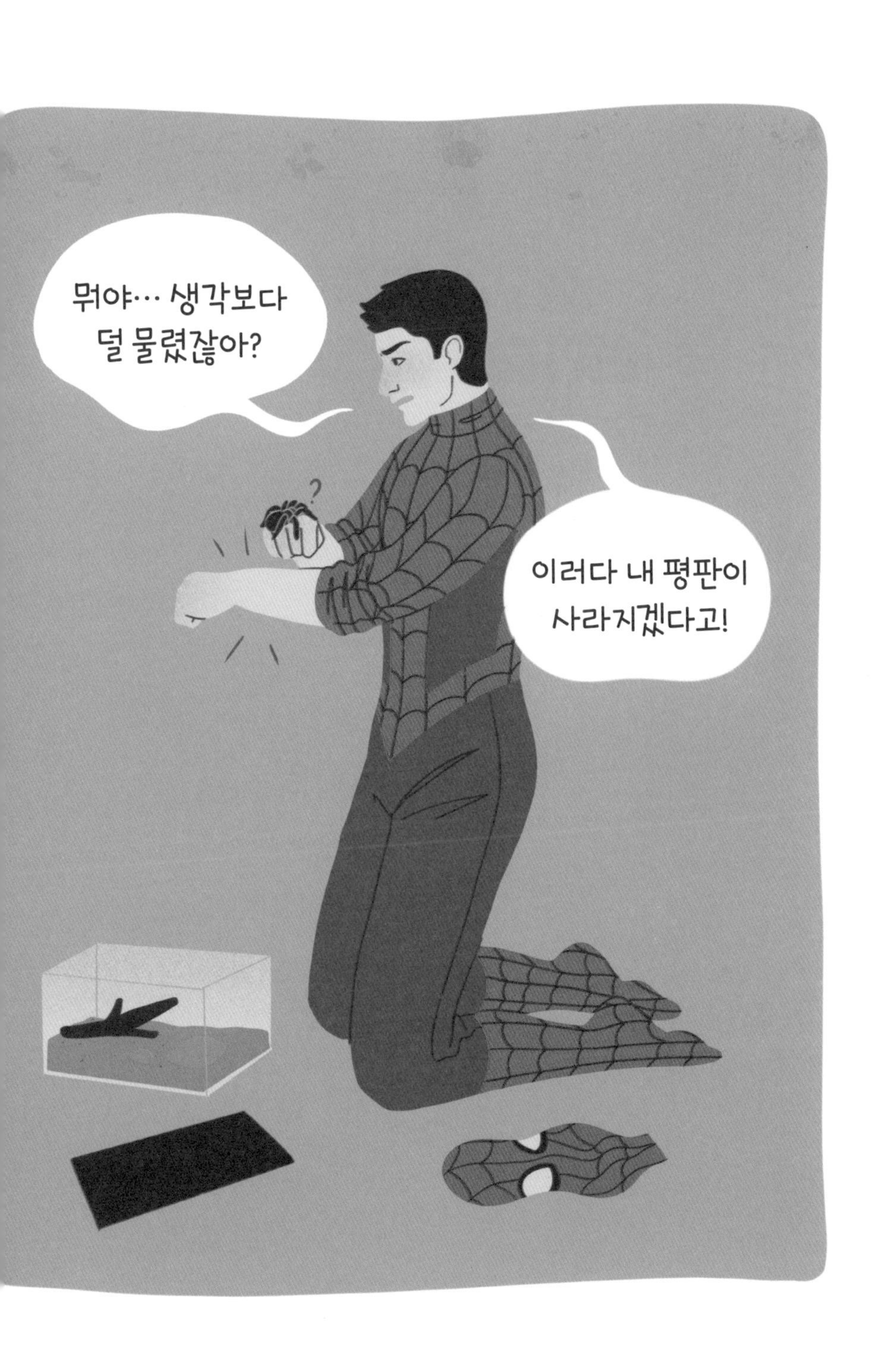
뭐야… 생각보다
덜 물렸잖아?
이러다 내 평판이
사라지겠다고!

73

돌고래 떼죽음의 원인을 알 수 없다고?

**겨울이 되면 대서양 저기압이 해안을 휩씁니다.
저기압이 지나간 해변에서 돌고래 사체들이 발견되곤 하지요.
어떤 이유가 있는 걸까요?**

2019년 겨울, 대서양 연안에서 짧은부리참돌고래(Delphinus delphis) 881마리가 죽은 채로 발견되었습니다. 자연적인 이유 때문이 아니라서 더 마음 아픈 사건이었지요. 실제로 부검 결과, 다른 가능성이 제시되었습니다.

폭풍은 돌고래를 바닷가로 떠민다

해양 포유류의 표류 현상을 조사하는 프랑스의 국립 표류 네트워크(RNE)와 협력하는 펠라지Pélagis 관측소의 연구원 엘렌 펠티에Hélène Peltier는, 조사 개체 가운데 85퍼센트가 "낚시 도구 때문에 사망한 흔적이 있다."라며 한탄합니다. 게다가 돌고래들이 사망한 곳은 유럽 메를루사, 농어, 아귀 등 겨울철 어류를 중심으로 가로로 넓게 펼치거나 세로로 길게 펼쳐지는 그물을 사용하는 어업 활동 지역입니다. 그러므로 책임은 인간에게 있지, 자연적인 원인이 아닙니다. "폭풍은 그저 돌고래의 시체를 해안으로 옮겨 왔으며, 현상을 조금 더 눈에 띄게 만들어 줬을 뿐"이라고 하네요.

빙산의 표면이 떠오르다

앞선 이야기는 빙산의 일각에 불과합니다. "이 사건은 바다에서 죽는 동물 가운데 극히 일부"라며 펠티에는 한숨을 내쉽니다. 2019년 1만 1천 마리가 넘는 돌고래가[75] 낚시 도구 때문에 사망한 것으로 드러났습니다. 현재 브르타뉴반도 가스코뉴(Gascogne)만 지역 돌고래 수가 안정적인 수준이라 해도, 이런 일이 또 생겨나면 버틸 수 없을 겁니다. 어획용 그물에 잡히거나 죽는 개체 대부분이 성체인 이상 말이죠. 펠티에는 "돌고래 수가 줄어들거나 급감할 경우, 이를 회복하기는 아주 힘들 것"이라고 경고합니다. 그러니 자연적인 원인을 들먹이는 것은 그만두고 인간에게 책임을 돌려야 합니다!

알렉상드린 시바르-라시네

---

75) 펠티에(Peltier) H., 오티에(Authier) M., 코랑(Caurant) F., 다방(Dabin) W., 다(Dars) C., 드마레(Demaret) F., 므위(Meheust) E., 리두(Ridoux) V., 반카네(Van Canneyt) O., 스피츠(Spitz) J., '2019년 가스코뉴만 짧은부리참돌고래의 사고 포획에 관한 인식 실태 종합 결과', MTES, 펠라지 관측소, UMS 3462, 라호셸(La Rochelle) 대학교 공동 주최 회의에서 발표, CNRS, p.23.

74

뱀이 냉혈동물이 아니라고?

차갑고 끈적거리며 사람을 찌르는
뱀의 이미지는 단단히 똬리를 틀고 있습니다.
이제는 생물학적 근거 없는 편견에
종지부를 찍어야 할 때입니다.

뱀은 차갑다

파충류는 차갑지도 뜨겁지도 않습니다. 파충류의 체온은 기후 조건에 따라 달라집니다. 프랑수아즈 세르-콜레Françoise Serre-Collet는 자신의 저서 『뱀에 관한 50가지 편견』(2019)에서 "대체로 날씨가 추우면 몸도 차가워지고, 날씨가 더우면 따뜻해진다. 따라서 '냉혈 동물'이라는 표현은 과학적인 근거가 없으며, 잘못된 것"이라고 바로잡습니다. 뱀은 "변온동물"(그리스어로 '바깥'을 뜻하는 'ektos'와 '열기'를 뜻하는 'thermos'가 합쳐진 'ectotherm')에 해당합니다. 이런 변온동물은 외부의 열기를 활용해 체내 온도를 높입니다. 때문에 날씨가 화창할 때면 사냥에 나서기 전에 몸을 데우려고 햇볕을 쬐고 있는 뱀을 마주치는 일이 종종 벌어지는 거지요.

뱀은 끈적거린다

물고기와 뱀은 비늘이 있습니다. 하지만 몸을 끈적하게 만들어 주는 점액을 분비하는 피선을 가지고 있는 건 물고기뿐입니다. 반대로 뱀의 피부는 늘 건조한 상태로 만져 보면 부드럽습니다. 케라틴으로 구성된 비늘 사이사이에 부드러운 피부로 연결되어 있으며, 케라틴은 우리 인간의 손발톱과 머리카락에도 있는 내구성 좋고 방수 성질이 있는 단백질입니다. 이러한 단백질이 있고 땀샘은 없는 덕분에 뱀의 몸은 마른 상태로 있을 수 있는 것이죠.

뱀이 사람을 찌른다?

"도시든 시골이든 뱀, 특히 독사가 사람을 찔렀다는 얘기가 들려온다."라며 세르-콜레는 설명합니다. "정말로 찌르려면 전갈 같은 침이나 말벌 같은 독침을 내세워야겠죠. 뱀은 (독)침이 없습니다. 자기를 보호하거나 먹잇감을 사로잡으려는 목적으로 깨물기만 합니다."
뱀의 입안에는 먹잇감을 마비시키는 이빨 그리고 특정 뱀의 경우 상대방을 깨무는 동안 독을 퍼뜨리는 독니가 있습니다. 물론 예외는 있습니다. 두더지독사속의 뱀들은 깨물지 않아요. 이 뱀들은 머리 양쪽에서 수평을 이루는 독니 두 개를 가지고 있는데, 이빨들은 옆으로 회전할 수 있습니다. 이 뱀은 깨물지 않고, 독니로 찌릅니다. 바로 이런 경우에 뱀에게 찔렸다고 말할 수 있겠죠. 그렇지만 아프리카에 사는 이 뱀을 우리가 만날 일은 드뭅니다.

알렉상드린 시바르-라시네

75

말벌은 성가신 곤충이라고?

**여름 야외 활동에서 말벌은 흥을 깹니다.
정말이지 아무 쓸모가 없어 보이는 듯한데 말이죠!
과연 정말일까요?**

말벌을 보고 놀라지 않을 사람이 있을까요? 식탁 위 고기나 과일로 달려드는 이 불청객 곤충은 음식을 훔치려는 것도, 우리를 약 올리려는 것도 아닙니다. 곤충학자이자 OPIE[76] 대표인 마티유 드플로르Mathieu de Flores는 "애벌레에게 먹일 동물성 단백질과 자기 에너지를 보충할 당분을 찾아온 것."이라고 설명합니다. 말벌은 "못된 것도 아니고, 쓸모가 없는 것도 아닌 데다, 꿀벌만큼이나 얌전하고 쓸모 있지요." 생태계에서 중요한 자리를 차지하고 있고요.

사육하는 꿀벌이나 야생 꿀벌과 마찬가지로 말벌은 수분(수술의 화분花粉이 암술머리에 옮는 일)을 매개하는 곤충입니다. 일반인을 대상으로 한 과학 참여 프로그램 SPIPOLL에 따르면, "말벌은 꿀벌만큼 효율적이지는 않지만, 그래도 특정 꽃의 꿀을 먹고자 그 꿀을 모읍니다."

나나니처럼 독립적으로 생활하는 일부 말벌은 무방비하게 속살을 드러낸 애벌레만 사냥하고 마비시켜, 땅에 파 놓은 은신처로 데려가 유충에게 먹입니다. 정원사와 한 편이지요. 자식에게 먹이려는 생각으로 흙이나 모래 속에 만든 둥지에 마비시킨 애벌레를 비축하는 호리병벌아과 말벌도 마찬가지고요.

"소풍을 나갔을 때 주위에서 가장 많이 보이는 종은 *베스퓰라(Vespula,* V. vulgaris, V. germanica)"라고 드플로르는 강조합니다. 이 종류의 말벌은 평화로운 소풍을 방해하는 또 다른 방해꾼 파리를 퇴치하는 이로운 곤충이기도 합니다. MNHN[77]연구자 클레르 빌르망Claire Villemant에 따르면, *점박이땅벌(Vespula vulgaris)* 무리 하나가 여름 동안 3,000~4,000마리의 파리를 잡아먹는다고 합니다. 확실히 현실에 미치지 못하는 수치입니다. 파리는 모래 속에 커다란 집을 짓고 독립적으로 생활하는 벌인 코벌의 먹잇감이기도 한데요. 그러니 꼭 필요한 조율 역할을 도맡는 벌들이 자기 일을 하도록 내버려 두고, 말벌에게 접시를 내어 주세요. 우리가 모여 앉은 식탁에서 멀리 떨어진 곳에 말이에요.

알렉상드린 시바르-라시네

76) 곤충 및 곤충 환경 연구소.
77) 국립 자연사 박물관.

76

인간과 늑대는 함께할 수 없다고?

프랑스에 늑대가 돌아오면서
늑대 반대론자와 옹호론자의 신경전이 팽팽합니다.
이제는 타협안을 찾아야 합니다!

많은 노력으로, 이제는 프랑스의 거의 전역에서 늑대를 볼 수 있게 되었습니다. 2019~2020년 사이 늦겨울, 이탈리아-알프스 지역의 늑대 개체 수는 미미한 수준으로 580마리 정도로 추산됩니다.[78] '늑대-스라소니 네트워크' 전문가들은 최근 몇 년과 비교하면 늑대들이 "지리학적으로 영역을 확장 중이지만, 증가 추세는 비교적 더딘 편."이라고 합니다. 그중 회색늑대는 프랑스에서 위협을 받는 주요 생물종 가운데 보호종으로 분류되고요.[79] 하지만 늑대는 여전히 두렵고 쫓아내고 싶은 대상인걸요?

최근에는 인간을 공격한 사례가 없다

늑대가 인간을 공격할지도 모른다는 우리의 원초적인 마음은 오래전부터 보편적인 집단 무의식에 단단히 뿌리박혀 있었는데요. 이 두려움은 사실 전혀 근거가 없습니다. 늑대-스라소니 네트워크 전문가들은 1990년대 프랑스에 다시 늑대가 나타나면서 늑대와 인간이 마주친 5,000건을 기록해 왔지만, 늑대와 인간이 갈등을 빚었다는 사례는 집계된 적이 없다고 합니다. 근래 역사에서 늑대에게 공격을 받았다는 기록은, 1918년까지 거슬러 올라갑니다. 당시는 늑대를 향한 분노가 여전히 맹위를 떨치던 시기였지요.

늑대는 생태계에서 중요한 역할을 한다

회색늑대는 인간을 잡아먹지 않습니다. 오히려 발굽이 있는 노루, 멧돼지 등 중에 약하거나 아픈 동물을 잡아먹어 개체 수를 조절하지요.

위험한 질병을 옮기는 동물을 제거한다

늑대는 위험한 질병을 옮기는 동물을 제거하는 데 일조합니다. 회색늑대는 프랑스를 비롯한 유럽 전체에서 보호하고 있고요. 정부는 이 포식자에게 매년 상당한 공물을 바치는 양 목축 농가를 포함해, 늑대와 인간의 활동이 수용 가능한 선에서 사회 경제적인 공존을 위해 정책을 세웠습니다.

늑대와 공존하려면 늑대를 이해해야 한다

그러니 목축업자나 밀렵꾼이 늑대 가죽을 덮어쓰도록 내버려 두면 안 되겠지요. '표본을 채집'해서 늑대 개체 수를 '관리'한다는 눈속임도 용납해서는 안 됩니다. 위법적인 사냥을 포장한 완곡어법일 뿐이니까요. 동물 생태계와 사회과학 분야의 최근 연구에 따르면, 늑대가 가축들에게 끼치는 피해를 줄이려면 사냥보다는 늑대를 죽이지 않는 편이 더 효율적이라고 합니다. 생태학적 지식도 필요하고요. 사람들과 가까이 사는 늑대들의 행동을 보다 잘 이해하는 것은 '유럽 알프스 지역 늑대 생태(LifeWolfalps EU)'의 목표이기도 한데요. 2019년 출범한 이 지역 프로젝트는 "알프스 지역에서의 인간과 늑대의 공존"을 지향합니다. 적절한 방편으로 야생 동물에게 자리를 내어 준다는 조건으로 말이지요.

알렉상드린 시바르-라시네

---

78) '2019-2020 겨울 늑대 개체 수 종합 평가', 〈늑대 반짝 정보〉, 12호, 2020. 7.
79) IUCN, 2017.

우주

77

블랙홀은 모든 걸 집어삼킨다고?

**블랙홀은 주변에 있는 건 죄다 삼켜 버리는
우주 괴물 취급을 받아 왔습니다.
사실 블랙홀은 우주의 위대한 설계자이며,
별과 은하를 만들었을지도 모릅니다!**

2020년 노벨 물리학상[80]의 주제였던 블랙홀은 이론가들이 상상해 왔던 것이며, 지난 수십 년 동안 천체 관측을 통해 존재가 확인되었습니다. 우리 은하에는 1억 개 남짓한 블랙홀이 있을 겁니다. 그런데 블랙홀은 정확히 무엇일까요? 블랙홀이란 아주 무겁고 응축되어, 그것이 끌어들이는 힘(중력장)에서 어느 것도 빠져나올 수 없는 천체입니다. 블랙홀 가까이로 위험을 무릅쓰고 다가가는 물체는 모두 삼켜지고 맙니다. 따라서 블랙홀을 관찰하기란 불가능합니다. 빛마저도 빠져나오지 못하니까요. 그렇다면 블랙홀이 존재한다는 사실은 어떻게 알까요? 블랙홀이 빨아들여 삼켜지기 직전 순간, 망원경이 포착할 수 있는 신호를 내보내는 별과 가스를 통해서입니다.

---

80) 영국의 로저 펜로즈(Roger Penrose)는 블랙홀에 관한 이론을 연구한 공로로 노벨 물리학상을 수상했다. 독일의 라인하르트 겐첼(Reinhard Genzel)과 미국의 앤드리아 게즈(Andréa Ghez)는 은하수 중심부에서 초대질량 블랙홀을 발견해 업적을 인정받았다.
세 명의 천체물리학자는 이벤트 호라이즌(Event Horizon) 망원경을 통해 2019년에 사진을 촬영하여 M87 은하 중심에 있는 초대질량 블랙홀의 이미지를 발표했다.

블랙홀은 물질을 집어삼킬까

블랙홀은 무거운 별이 진화하는 마지막 단계에서 생겨납니다. 생애 끄트머리에 이른 별들의 중심부가 아주 격렬하게 수축하면, 별 바깥층에서 폭발이 일어납니다. 초신성이라고 부르는 이 현상은 빛의 속도와 가까운 속도로 입자들을 분출하게 만들지요. 이런 물질은 온도가 아주 높아져서, 자외선이나 X선을 내뿜을 만큼 강한 빛을 내는 경우가 많습니다.

1999년 천체 망원경인 찬드라(Chandra)는 블랙홀 가장자리를 맴돌던 물질이 내뿜은 X선을 은하 중심부에서 포착했습니다. 은하수 중심부에 자리 잡으며, 태양의 질량보다 약 4백만 배 더 무거운(부피는 태양계보다 조금 더 작은) 초대질량 블랙홀인 '사지타리우스 A'가 보낸 신호였습니다. 보다 최근인 2019년에는 이벤트 호라이즌 망원경이 M87 은하 한가운데서 초대질량 블랙홀의 이미지를 처음으로 포착했습니다.

우주 괴물 취급은 너무해

그렇더라도 블랙홀을 파괴적으로 평가할 필요는 없습니다. 다른 여느 천체들과 마찬가지로, 블랙홀이 끼치는 영향은 중력의 법칙 때문에 한계가 있으며, 우주는 계속 확장하고 있기 때문입니다. 만약 태양이 블랙홀로 변한다 하더라도(그럼 우리는 어마어마하게 곤란해지겠만), 태양계 내 지구를 포함한 행성들은 마치 아무 일도 없던 것처럼 태양 주변 궤도를 돌 겁니다. 블랙홀은 우주의 식인마나 다름없다는 이론에는 오늘날도 의문이 제기되는데요. 오히려 천체물리학자들은 블랙홀이 의외의 창조력을 지니고 있다고 봅니다. 블랙홀은 우주의 위대한 설계자이며, 최초의 별과 은하들을 만들어 냈을지도 모릅니다. 다른 우주라든가 다른 시공간으로 향하는 길을 이루고 있을지도 모른다는 사실은 차치하더라도 말입니다. 블랙홀 두 개가 충돌했을 때 생겨나는 중력파[81]를 추적 중인 중력파 검출기 리고(Ligo)와 버고(Virgo)가 조만간 우리를 이토록 사로잡는 블랙홀에 대해 더 많은 것을 알려 줄지도 모릅니다!

플로랑스 앵뷔제

---

81) 물체가 가속 운동할 때 시공간의 발생 지점에서 아주 멀리까지 퍼져나가는 것.

78

만리장성이 우주에서도 보인다고?

거대한 규모 덕분에 우주에서도 보일 정도라는 만리장성, 그 소문은 진실일까요?

이런 고정관념이 생겨난 것은 17세기 영국의 골동품상이었던 윌리엄 스투클리William Stukeley의 편지 속 상상 때문일 겁니다. "하드리아누스 성벽(기원후 122~127년 사이에 만들어진 방어벽. 약 117.5킬로미터인 실제 영국 북부의 폭에 맞춰 건설됨.)을 능가할 만한 것은 만리장성(6,700킬로미터)밖에 없다. 만리장성은 지구 위에서 놀라운 형상을 드러내며, 달에서도 족히 보일 정도다."

이후 몇 세기 동안 수많은 작가들이 되풀이한 이 발상은 신화로 자리 잡으며 사람들의 뇌리에 박혔습니다. 20세기 후반 우주로 진출하면서 이 주장을 입증하거나 반박할 수 있게 되었지요. 1969년 아폴로 11호를 타고 지구의 위성에 처음으로 발을 내딛은 우주 비행사들에게 이 질문을 던졌습니다. 미국의 우주 비행사 닐 암스트롱Neil Armstrong은 만리장성을 알아볼 수 없었다고 했지만, 동료인 유진 서넌Eugene Cernan과 에드 루Ed Lu는 반대의 답을 내놓았습니다. 지구에서 160킬로미터, 나아가서는 320킬로미터 떨어진 곳에서도 보았다고 합니다. 이는 지구와 384,000킬로미터 떨어진 달과는 한참 멀죠.

우주 관련 기구 안에서 벌어진 논쟁

그래서 미국 항공 우주국인 나사(NASA)와 유럽 우주국(ESA)은 논쟁을 중재할 방안을 찾습니다. 2004년 유럽 우주국은 지구에서 600킬로미터 떨어진 곳에서 촬영한 사진(맨눈과 비교했을 때 해상도가 어느 정도인지는 모름.) 중국의 만리장성이 보인다는 것을 입증했습니다. 이어서 유럽 우주국은 사진을 보고 항간에 떠도는 소문처럼 만리장성에서 멀지 않은 곳에 실제로 강이 보인다는 것을 확인했습니다.

기하학적으로는 어떻게 설명할 수 있을까요? 우리 눈의 해상도(r)는 약 1분호이며(1/60°=0.017°, 시력 1.0=1분호, 시력 0.4=2.5분호) 관찰하는 대상까지의 거리(d)에 따라 달라집니다. 그래서 $r=d*tan(\frac{\pi}{30\times360})$라고 정의할 수 있습니다. 이는 곧 크기가 r보다 작은 대상을 d만큼의 거리에서 바라보면 맨눈으로는 보이지 않는다는 뜻입니다.

이어서 유럽 우주국은 사진을 보고 항간에 떠도는 소문처럼 만리장성 근처에 실제로 강이 보인다는 것을 확인했습니다.

더구나 우주는 대기권에서 멀리 떨어진 고도 100킬로미터부터 시작합니다. 앞선 공식대로라면, 이 거리에서 약 30미터짜리 물체를 볼 수 있습니다. 그렇다면 고도 100킬로미터에서는 어떨까요? 답은 '볼 수 없다.'입니다. 만리장성 길이가 6,700킬로미터이긴 하지만, 폭은 5~7미터이기 때문입니다. 눈에 보이기 위해 필요한 수준보다 더 작지요. 같은 이유로, 거리가 1미터 떨어진 곳에서는 길이가 제아무리 길더라도 지름이 100마이크로미터짜리인 머리카락을 볼 수 없습니다. 이 거리에서 필요한 해상도는 약 300마이크로미터거든요!

그러니까 만리장성이 달에서 보이려면 최소한 폭이 111킬로미터는 돼야 합니다. 현재로선 24킬로미터 고도에서만 만리장성을 볼 수 있습니다.

플로랑스 앵뷔제

79

우주 비행사가 둥둥 떠다니는 게 무중력 때문이 아니라고?

우주에는 중력이 없다는 말을 듣습니다.
때문에 우주 정거장 속 우주 비행사들이
떠다니는 것이겠지요.
과연 정말로 중력이 없어서일까요?

인터넷을 통해 지구에서 408킬로미터 떨어진 낮은 곳에서 궤도를 도는 국제 우주 정거장(ISS)과 그 안을 떠다니는 우주 비행사 토마스 페스케Thomas Pesquet와 동료들을 본 적이 있을 겁니다.
정거장 안은 지구가 잡아당기는 힘(중력)이 적거나 심지어는 없어서일 거라고 생각할 수도 있겠지만 틀립니다! 국제 우주 정거장도 지구 중력의 영향을 받으니까요. 물론 지구 표면에서 가해지는 것보다는 덜하지만 지표면에 적용되는 중력의 약 88퍼센트나 작용합니다.

원심력

그렇다면 우주 비행사들은 왜 떠다니는 걸까요? 바로 우주 비행사들이 항구적인 자유낙하 상태이기 때문입니다! 지구가 끌어당기는 힘은 우주 정거장의 원심력 때문에 상쇄됩니다(원심력은 우리가 회전목마를 타고 빠르게 돌 때 중앙에서 멀어지도록 끌어당기는 힘입니다). 국제 우주 정거장은 지구 둘레를 무려 시속 27,700킬로미터로 돌고 있고요! 원심력과 중력이 서로를 무력화시켜 우주 비행사들에게는 아무런 힘도 작용하지 않는 겁니다. 마치 중력이 전혀 없는 것처럼 말이지요! 그래서 무중력 효과를 낼 수 있습니다.

그렇다면 우주 비행사들은 왜 떠다니는 걸까요?
우주 비행사들의 항구적인 자유낙하 상태 때문입니다!

물체는 동일한 속도로 떨어져

사람과 사물이 동일하게 떠다니는 것은 우주에서 질량이 얼마나 되는가와 상관없이 물체가 동일한 속도로 떨어지기 때문입니다. 학교에서 했던 실험을 떠올려봅시다. 진공관 안에서 납으로 만든 당구공과 깃털을 떨어뜨리면 같은 속도로 떨어집니다. 우주 비행사와 물건들이 속한 우주 정거장 안에서도 똑같은 일이 벌어집니다. 모두들 똑같은 속도로 "떨어지며", 이에 따라 중력과 원심력의 효과가 겹쳐져 무중력 상태에 빠집니다.

플로랑스 앵뷔제

80

우주는 정말 무한할까?

우주는 유한할까요, 무한할까요? 머릿속이 아찔해지는 이 질문에 답할 길은 없으나 최신 자료에 따르면 우주는 둥글고(따라서 유한하고) 경계가 없을 것이라고 합니다. 물론 다른 무한한 우주들이 존재할 가능성을 배제할 수는 없습니다!

2019년 우주론은 위기에 빠졌습니다. 유럽 우주 망원경 플랑크(Planck)로 수집한 자료에 따르면, 우주는 우리가 이제껏 생각해 왔던 것처럼 평평하고 무한하지 않고, 둥글고 유한할 것이라는 게 드러났습니다! 137억 7천만 년 전에 '빅뱅'이 일어나 우주가 '탄생'[82]했으며, 우주는 계속해서 커져 가는 풍선처럼 확장 중일 겁니다. 우주는 유한할까요, 무한할까요? 한계라는 게 있을까요?

우주의 유한성은 우주의 곡률에 바탕을 두고 있습니다. 세 가지 가설이 오갑니다. 만약 우주의 곡률이 양수라면, 우주는 둥글며 부피는 반드시 유한할 겁니다. 우주의 곡률이 음수라면, 우주는 쌍곡선을 이룰 겁니다. 우주의 곡률이 0이라면, 우주는 평평할 겁니다. 뒤의 두 가지 이론은 무한한 우주에 해당하지요.

곡률이 양수라면 우주는 둥글고 유한할 것

이 곡률은 얼마나 될까요? 곡률은 우주에 있는 중입자로 이뤄진 물질과 암흑물질(관측이 되지 않아 질량밖에 알지 못하는 물질)의 양에 따라 달라집니다. 알베르트 아인슈타인이 구상한 일반 상대성 이론에서 설명하듯이, 우주는 일종의 시공간을 만들어 냅니다. 우주의 팽창 속도가 실제로 가속되는 정도를 계산하고자, 아인슈타인 방정식에서 도입한 '우주 상수'도 고려해야 합니다. 빅뱅의 흔적으로 남은, 전 우주에서 오는 빛 작용인 우주 배경 복사를 바탕으로 추론할 수 있었습니다.

2009~2013년에 걸쳐 플랑크 인공위성은 우주 배경 복사를 보여 주는 정확한 지도를 만들었으며, 덕분에 곡률 값을 결정할 수 있었습니다. 우주의 곡률은 0에 아주 가까우며, 아주 살짝 양수거나 음수일 것으로 보입니다. 2019년 〈*네이처 아스트로노미Nature Asronomy*〉[83] 발표와 플랑크를 통해 입수한 자료를 해석한 연구에 따르면, 우주 곡률은 '99퍼센트 확률로' 양수일 것이라고 합니다. 아직 입증이 필요하겠지만, 우주가 둥글며(혹은 초구 형태, 4차원 공간 위에서 굽어 있는 3차원 표면), 따라서 유한하다는 생각은 배제할 수 없습니다.

아직까지는 결론을 내릴 수 없습니다. 현재의 도구들로는 관측 가능한 우주까지만 접근할 수 있기 때문입니다.

이 우주는 유한하고, 저 우주는 무한할까?

우주가 유한하다고 해도 다른 우주들을 생각해 볼 수 있습니다. 그 우주들이 무한하지 말란 법은 없지요! 이것이 1980년에 탄생한 다중 우주 이론입니다. 무한히 작은 기본 입자들을 다루는 양자물리학계와 거시적 차원의 시공간을 대상으로 삼는 일반 상대성 이론을 조화시키는 것을 목표로 삼는 끈 이론에 따르면, 우주가 10^{500}개만큼이나 존재할 수 있다고 합니다! 다시금 머리가 아찔해지네요!

플로랑스 앵뷔제

---

82) 끈 이론과 루프 양자 중력 이론에 따르면, 빅뱅이 모든 것의 시작은 아닐 것이라고 한다.
83) 디발렌티노(Di Valentino) E., 멜키오리(Melchiorri) A., 실크(Silk) J., 〈닫힌 우주에 관한 플랑크 증거와 이것이 우주론에 불러올 수 있는 위기〉(2020), 네이처 아스트로노미, pp.196-203: www.nature.com/articles/s41550-019-0906-9

81

소행성이 지구를 위협한다고?

우주 탐사선이 뚫고 지나갈 수 없다는 두 개의 소행성대, 이 말은 거짓입니다!

우리 태양계에는 소행성대가 두 개 있습니다. 화성과 목성 궤도 사이에 있는 주 소행성대와, 해왕성 너머 카이퍼 소행성대입니다. 이 소행성대를 따라 수십만 혹은 수억 개 소행성이 돌고 있습니다. 충돌로 생겨난 먼지 크기부터 지름이 몇백 킬로미터인 것까지 다양합니다. 광도가 약한 왜성인 동시에 주 소행성대에서 가장 큰(지름 1,000킬로미터) 세레스처럼요.

〈스타워즈〉처럼 수많은 SF 영화에 나오는 것과는 달리, 소행성대를 건너는 것은 그렇게 위험하지 않을 수도 있습니다. 빛의 속도로 가지 않는 한 말입니다. 그럴 경우 충돌 위험이 높아지니까요. 천체들로 조밀하게 들어차 있기는 하지만 그만큼 소행성대도 거대해서 대체로 텅 비어 있거든요!

두 소행성 사이는 백만 킬로미터 떨어져 있다

소행성이 대체로 가깝다고 해도 서로 평균 백만 킬로미터 떨어져 있습니다. 이는 지구와 달 사이 거리의 두 배를 넘습니다. 나사 연구자들은 지름이 10킬로미터 이상인 소행성 두 개가 충돌하는 일은 천만 년에 한 번씩 일어난다고 추정합니다. 우주 차원에서는 빈번하게 일어나는 수준이지만, 인간의 차원에서 본다면 드문 일이지요.

**앨런 스턴(Alan Stern)에 따르면,
소행성대를 지나는 우주 탐사선이 소행성과
부딪힐 확률은 10억분의 1보다 적다고 합니다.**

그래서 1972년 우주 탐사선 파이오니어(Pioneer) 10호가 발사된 뒤로, 또 다른 탐사선인 보이저(Voyager) 2호, 갈릴레오(Galileo), 카시니(Cassini), 니어(NEAR) 등 아홉 대 역시 아무 일 없이 소행성대를 지나갔습니다. 무인 우주선이었는데도 말이죠! 미국 천문학자 앨런 스턴[84]에 따르면, 우주 탐사선이 소행성대를 지날 때 소행성과 부딪힐 확률은 10억분의 1보다 적다고 합니다.

소행성 1,400개가 지구를 위협한다

지구에 부딪힐 가능성이 있는 소행성들은 어떨까요? 2013년 나사 발표에 따르면, 지름 140미터 이상인 커다란 물체 최소 1,400개가 지구를 위협할 수 있다고 합니다. 지구 궤도와 가까운 궤도를 따라서 돌고 있기 때문입니다.
수치를 보면 몸이 떨릴 정도입니다. 2013년 우랄산맥을 강타했던 유성우는 소행성 파편 때문이었는데요. 지름이 '고작' 17미터인 소행성이 대기권으로 들어오면서 파편을 만들었으며, 이 때문에 천 명 넘게 부상을 입었습니다.
다행히 오늘날에는 소행성이 지구 쪽으로 다가오면 방향을 돌릴 수 있는 해결책이 있습니다. 영화 〈아마겟돈〉처럼 '지구 접근 물체'와 일정 거리 떨어진 곳에서 핵폭탄을 폭발시켜 경로를 바꾼다든지, 중력 견인기를 장착해 방향을 튼다든지, 동역학 충격 장치를 소행성으로 보내는 식입니다. 모든 방법을 동원해 하늘이 우리 머리 위에 떨어지는 걸 막으려는 겁니다! 하지만 이런 해결책은 몇 년 앞서 예측하고 적용해야 하지요.

플로랑스 앵뷔제

84) 〈스페이스 데일리(Space Daily)〉(2006).

82

달이 지구에서 멀어지고 있다고?

달은 늘 얼굴을 감추고 있지만,
지구 사람들 보기에만 그렇습니다.
항상 감추고 있기만 한 것은 아니지요.
달은 왜 지구인들에게
늘 같은 면만 보여 주는 걸까요?

지구에 살고 있는 우리들에게는 달의 절반 중 똑같은 부분만 보입니다. 우리가 '볼 수 있는' 달의 얼굴이죠. 왜일까요? 지구와 달의 한쪽 면은 마치 함께 손을 잡고 둥글게 도는 두 사람처럼 늘 마주 보고 있기 때문입니다. 이를 두고 지구와 달의 자전이 고정되어 있는 '조석 고정'이라고 표현합니다.

아이작 뉴턴Isaac Newton이 설명한, 지구와 달 사이 작용하는 만유인력은 달의 자전 속도를 억제합니다. 동시에 자전이 일어나도록 만들지요. 달이 지구를 도는 공전 주기는 달의 자전 주기와 거의 비슷합니다. 27.3일이지요. 이 현상이 두 천체가 안정적인 상태를 유지하도록 만들어 지구와 달이라는 한 쌍이 평형을 이루는 겁니다.

너도 '가장 예쁜 모습'만
SNS에 올리잖아?!

항상 이랬던 것은 아닙니다. 몇백만 년 전에는 달과 지구의 움직임이 독립적이었습니다. 달은 오늘날과 비교하면 더 빠르게 자전하며 매일 밤 돌아갔고, 달의 어느 면이 태양 빛을 받는가에 따라 지구 위 생물은 모두 달 표면 전체를 바라볼 수 있었습니다.

멀어지는 달

태양계 어디에나 존재하는 화성과 그 위성인 포보스(Phobos)처럼 이와 같은 동시성은 조석 현상 때문입니다.

1년에 3.84센티미터

지구와 달이 움직이지 못하도록 막는 조석 현상은 푸른 별 지구에서 384,000킬로미터 떨어진 천체인 달을 멀어지게 합니다. 그래서 달은 1년에 3.84센티미터만큼 우리에게서 멀어집니다. 아주 작은 수준이지만 수백만 년 뒤에는 위성인 달이 제법 멀어져 지구에서는 작게 보일 테고, 개기일식은 더 이상 일어나지 않을 것입니다. 때문에 천체물리학자인 위베르 리브Hubert Reeves는 유튜브에서 유머를 잃지 않은 채 이렇게 말하지요. "시간이 있을 때 즐기세요!"

나아가 우리에게 가려진 달의 반대편은 관심을 불러일으킵니다. 달의 뒷면에 안테나를 설치한다면, 지구의 전파가 만들어 내는 잡음에 방해 받는 일 없이 우주에서 나는 소리를 들을 수 있을 겁니다. 이 프로젝트가 가져다줄 이익을 평가하고자, 중국에서는 2018년 12월 달 탐사선 창제(Chang'e, 중국 신화에 나오는 달의 여신) 4호를 보냈습니다(달 착륙은 2019년 1월이었습니다).

플로랑스 앵뷔제

83

우주는 텅 비어 있다고?

**물리학적으로 빈 것은 물질이 전혀 없는 상태입니다.
그렇지만 지구 위에 빈 곳이란 없습니다.
액체, 기체, 고체 형태로 물질이 존재하니까요.
하지만 우주는 우리가 공간과 맺는 관계를 뒤집습니다.**

"자연은 텅 빈 것을 싫어한다." 수많은 상황에서 인용되는 아리스토텔레스의 주장은 마침내 다른 뜻을 지니게 되었습니다. 어쩌면 텅 빈 것을 두려워한 건 인간이 아니었을까요? 텅 빈 것이란 우리가 완전히 섭렵하지 못하며, 보이지 않는 것입니다. 잡히지 않는 것을 어떻게 붙잡을 수 있을까요? 빈 공간이란 구체적인 물질처럼 존재할 수 없습니다.

다행인 것은 지구 위에는 빈 공간이 없다는 사실입니다. 여러분 앞에 놓인 빈 컵조차도 비어 있지 않습니다. 우리 주변에는 기체, 고체, 액체 형태로 물질이 존재하며, 우리를 둘러싼 공기마저도 비어 있지 않습니다.

어마어마하게 넓은 텅 빈 공간에 뛰어든다는 것은 미지의 끝없는 세계로, 우주로 뛰어드는 것과 같습니다. 우주에 진출하게 되면서 우리가 빈 공간을 가로지를 수 있다는 사실이 드러났습니다. 지구를 떠나기만 하면, 정확히는 지구 대기권을 벗어나기만 하면 말입니다. 그러면 우주 비행사들은 천체 사이의 빈 공간으로 접어듭니다.

그렇지만 다시 한 번 말하자면, 물리학자들이 빈 공간이라 일컫는 것은 아무런 물질이 없는 상태입니다. 지구에는 먼지와 기체가 상당히 많습니다. 따라서 텅 빈 우주라고 규정하는 구역은 땅바닥에서 100킬로미터쯤 떨어진 곳에서부터 시작합니다. 이러한 대기권 바깥에는 공기가 없습니다. 유럽 우주국은 설명합니다. "햇빛을 확산시키고 하늘을 파랗게 만들어 주는 공기가 없는 우주는 마치 별을 잔뜩 찍어 놓은 담요 같다." 우리가 빈 공간이라고 여기는 바로 그것입니다.

대기가 없기 때문에 우주는 지구처럼 공기로 차 있지 않습니다. 그런데 공기가 없으면 소리도 전달되지 않습니다(202쪽을 참고하세요).

인간은 텅 빈 곳을 싫어하기라도 하는 것처럼, 우주에 진출하면서부터 우주 공간을 인공위성으로 채웠습니다. 인공위성이며 로켓과 관련된 10센티미터 이상의 물체 34,000개 이상을 텅 빈 우주로 쏘아 보냈지요……. 한마디로 우주가 텅 비었다는 것은 확실한 거짓입니다.

알렉상드르 마사

아니, 뭐 때문에
그래?!
텅 빈 곳이 무서워어어어어!!

84

우주에서는 아무 소리도 들을 수 없다고?

〈*에일리언, 8번째 승객*〉이라는 영화에 나오는 이 유명한 대사는 진실이자 거짓입니다. 설명해드리겠습니다.

우주 탐사를 나섰다가 공격을 받았을 때는 목이 터져라 도움을 요청해도 소용없습니다(이런 상황이 벌어질까 싶지만 사람 일은 결코 모르는 법)! 일단 귀가 달린 인간이 주변에 그리 많지 않습니다. 무엇보다 여러분이 지르는 소리는 아무도 들을 수가 없습니다. 우주에서는 소리가 전달되지 않기 때문이지요.

원자가 너무 적다

우주에는 소리를 퍼뜨릴 만한 물질이 없거나 너무 적기 때문입니다. 중고등학교 시절, 소리가 전달되는 원리에 관해 수업을 들었던 기억을 떠올려 보세요. 우리가 말을 할 때(소리를 지를 때는 더욱더), 마치 기타 줄이 울리듯 성대가 울립니다. 그러고 나면 음파가 주변에 있는 공기를 진동시켜 공기 중 압력을 변화시키고, 그러면 공기가 고막을 울려서 우리가 소리를 들을 수 있습니다. 한데 이런 현상은 공기 중에 있는 물질, 즉 산소와 질소 원자의 밀도가 충분히 높아야만 일어날 수 있습니다. 소리가 원자에서 원자로 전달되기 때문입니다. 그렇지만 우주에는 이런 원자들이 훨씬 희박합니다.

무선 전파의 도움을 받자

그렇다면 우주 비행사들은 어떻게 연락을 주고받는 것일까요? 우주 비행사들은 다른 방식의 파장을 사용할 수가 있는데요. 그중에는 전자기 성질을 띠고 있어 진공에서도 전달되는 전파 파장이 있습니다. 나아가 우주복 안에는 우주 비행사들이 숨을 쉴 수 있게끔 공기가 들어가 있습니다. 그래서 음파가 마이크까지 도달한 다음, 무선 음성 신호로 변환될 수 있는 겁니다.
나사가 고안한 또 다른 해결책도 있습니다. 유럽 우주국, 에어버스 디펜스 앤 스페이스(Airbus Defense and Space), 일론 머스크Elon Musk의 스페이스 엑스(Space X)도 공동 연구한 방식입니다. 전자기파의 일종인 레이저를 사용해 전달되는 정보의 양을 전폭적으로 증가시키는 겁니다.
지금으로서는 잘 발달한 기술이자 아주 효율적인 무선 전파 통신이 우주에서 대부분을 차지하고 있습니다. 그렇지만 시각적인 의사소통이 더 전달력이 좋기도 하고, 보안 수준도 높을 겁니다. 어쨌든 별과 별 사이를 여행할 예정인 여행객은 준비를 한층 더 철저히 해야겠습니다. 우주에서 공격을 당하면, 무선을 챙겨서 도움을 요청하세요.

플로랑스 앵뷔제

85

인류는 곧 화성에서 살게 된다고?

화성은 지구와 가장 닮은 행성입니다.
누군가는 화성에 정착지를 마련할 꿈을 꾸기도 하고요!
이주 계획이 얼마나 진행되었을까요?

기온 섭씨 영하 63도, 주로 탄산가스로 이뤄져 있어 호흡할 수 없는 대기, 화성 주변에는 자기권이 없어 아주 강한 방사능, 얼음 상태로만 존재하는 물, 먼지 폭풍……. 화성에 사는 것은 그다지 꿈꿀 만한 일은 아닙니다. 그렇지만 지구와 5천 6백만~7천 6백만 킬로미터 떨어진(지구의 위치에 따라 거리가 달라짐) 이 붉은 행성은 오래전부터 많은 관심을 받아 왔습니다.

태양과 떨어진 거리 순서로 따졌을 때, 지구 바로 다음 차례인 화성은 그곳에 발을 내딛는 것을 꿈꾸는 우주 비행사들을 매료시킵니다. 2020년 많은 이들이 화성을 향해 몰려들었는데요. 그해 여름 동안 이 붉은 행성을 향해 4대가 넘는 우주 탐사선을 발사할 예정이었습니다. 우주 차량과 함께 발사되는 미국의 마스(Mars) 2020 탐사선, 궤도선과 착륙 장치, 탐사차를 갖춘 중국의 훠싱(Houxing-1 또는 HX-1) 탐사선, 탐사차를 갖춘 러시아-유럽 공동 엑소마스(ExoMars) 2020 탐사선, 유럽 우주국 탐사선, 마지막으로 일본에서 만든 로켓을 이용해 아랍 에미리트 연합이 궤도선과 함께 쏘아 올린 호프(Hope) 탐사선입니다. 2021년 2월 18일, 미국의 탐사차인 퍼서비어런스(Perseverance)가 화성에 착륙하며, 붉은 행성을 가장 잘 알아낼 수 있는 최선의 길을 열어 주었지요.

까다로운 여정

앞선 탐사 임무는(총 8/18대가 임무를 완수했습니다) 화성에 물이 존재하는지를 판단하는 것이 목적이었으며, 최근 탐사선들은 행성에 사람이 살 수 있는지 평가하는 것에 초점을 맞추고 있습니다. 특히, 테슬라와 스페이스 X 소유주이자 억만장자 기업가인 일론 머스크가 화성에 사는 것에 유독 관심을 보이고 있습니다. 2002년 설립된 스페이스 X는 팰컨(Falcon) 로켓을 제조하며, 여러 국가에서 운영하는 대규모 우주 탐사 기구와 경쟁하고 있습니다. 스페이스 X는 행성 간 우주선인 스타쉽(Starship) 개발 계획 중이지요(지금까지 만든 스타쉽 샘플 3대는 착륙 혹은 착륙 후 몇 분 뒤에 폭발했지만요). 독립적이고 지속 가능한 화성 기지를 설치하는 것이 스페이스 X의 목표입니다.

그러나 기술적으로 따져봤을 때 지금 당장 화성을 정복할 수는 없습니다. 교통편 문제가 해결되려면 한참 멀었기 때문입니다. 더구나 아무리 빨라도 화성까지 가는 데 여러 달이 걸릴 텐데, 그것도 지구와 화성이 가장 적절한 위치에 놓일 때 말이죠. 이런 순간은 기껏해야 26개월에 한 번꼴입니다. 전문가들은 그런 식으로 화성까지 가는 데 약 640일이 걸릴 거라고 추측합니다.

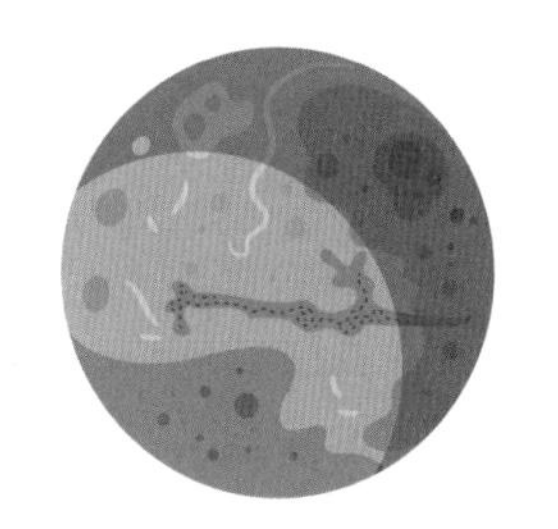

2030년이 목표?

화성은 척박해서 밀폐된 인공 환경, 어쩌면 지하에서만 살 수 있을지 모릅니다. 그러기 위해서는 우주선에 실어 나르기 어려운 수많은 물건을 옮겨야 하지요. 또 외부와 차단된 온실에 의존해 식량을 마련해야 할 겁니다. 지구라고 해도 이런 온실은 어떻게 관리할지 모르지만요. 마지막으로 화성의 중력은 지구의 3분의 1이라, 화성 이주자들 뼈에서는 급속도로, 또 위험한 수준으로 칼슘이 줄어들 겁니다. 언젠가 유인 우주선으로 화성을 조사하는 건 가능해도, 인간이 영구적으로 정착할 가능성은 희박해 보입니다. 2030년 화성 진출 계획에 기술적인 한계는 많습니다.

플로랑스 앵뷔제

86

외계인은 존재하지 않는다고?

**지구 바깥에도 생명체가 있을까요?
과학계는 이 질문을 놓고 머리를 싸맸습니다.
이제 수많은 전문가들이 외계 생명체에 관한 가설을
진지하게 받아들이고 있습니다.**

2018년 세상을 뜬 영국 천체물리학자 스티븐 호킹Stephen Hawking은 확신했습니다. 지구 바깥에도 생명체는 존재하며, 이번 세기가 끝나갈 무렵에는 증거를 확보할 수 있을 거라고요. 이 주제에 대한 최신 연구 결과가 발표되며 논의가 다시 불거졌습니다.

2020년 나사는 지구와 40광년 떨어진 곳에서 또 다른 태양계를 발견했다고 발표했습니다. 나사에 따르면, 트라피스트(Trappist)-1 항성 주위에 있는 총 7개 행성 가운데 3개 행성이 생명체가 살기에 적합한 환경일 수 있다고 합니다. 기온과 기압을 따져봤을 때 액체 상태의 물이 있을 가능성이 있다는 것부터 말이지요. 뿐만 아니라 유기물(탄소를 포함한 분자)이 존재하며, 항성과 너무 가깝지도 멀지도 않은 위치인 생명체가 살 만한 곳에 행성이 자리 잡고 있습니다.

수없이 많은 행성

일례로 카시니(Cassini) 탐사선은 토성의 위성인 엔셀라두스 표면에서 얼음이 분출된 흔적과 수증기를 발견했습니다. 엔셀라두스 표면 조금 아래 바다가 존재한다는 것을 증명했지요.

하버드 생명공학 기업인 플렉스(Plex)와 브루커 사이언티픽(Bruker Scientific)의 연구자들은 30년 전 알제리에서 발견된 운석 '아크페르(Acfer) 086'의 질량 측정 분석 결과를 발표했습니다. 이들은 운석에서 발견한 분자에 '헤몰리틴'이라는 이름을 붙였는데요. 지구에도 있는 특정 단백질과 구조가 유사했습니다. 놀랍지 않나요? 단백질은 생명체의 첫걸음이라고요!
게다가 우리 은하 안에서만 보더라도, 생명체가 살 수 있는 행성이 수십억 개는 있습니다. 아찔할 만큼 많기 때문에, 확률적으로 봐도 생명체, 심지어는 지성을 갖춘 문명이 우리 지구에서만 발달했을 가능성은 낮습니다.

지난 30년간 미국의 연구 기관 SETI에서는
수억 달러를 투자해 하늘을 샅샅이 뒤져
다른 행성에서 오는 신호를 찾았지만…
아무런 성과가 없었습니다!

지난 30년 동안 미 연구 기관인 SETI(지적인 외계 생명체 조사 연구소)에서는 수억 달러를 투자해 하늘을 샅샅이 뒤졌습니다. 다른 행성에서 오는 신호를 찾아봤지만 아무런 성과가 없었지요!
만약 다른 행성에서 신호를 보낸다면, 우리는 어째서 그 신호를 포착하지 못하는 걸까요? 몇 가지 가설이 제기되고 있습니다. 우리가 적절한 곳을 수색하고 있지 않다는 가능성(은하수의 지름은 10만 광년), 원시적인 미생물 환경에 사는 우리와는 아주 다른 생명체일 가능성, 은하수 저편에서 보낸 신호는 수천 년이 지나야 우리에게 도달하므로 너무 멀리 있을 가능성, 아직 생명체가 탄생하지 않았거나 이미 죽었을 수도 있다는 가능성 등 상당히 많은 SF 영화에 영감을 불어넣어 줄 만한 것들이지요!

플로랑스 앵뷔제

87

인공위성은 언젠가 지구로 떨어진다고?

인공위성이 모두 지구로 떨어지는 것은 아닙니다.
하지만 이런 현상은 제법 반복되고 있지요.
다행히 대기권이 인공위성을 분해해 주고요.

지구 주변은 점점 더 북적북적해지고 있습니다. 특히 인공위성이 들어차고 있는데요. 사회적인 필요가 늘어나서, 특히 인터넷 접속 요구가 많아져서입니다. 현재 지구 주변에는 인간이 만들어 낸 10센티미터 이상의 물체가 34,000개 가까이[85] 궤도를 돌고 있어요. 충돌 위험은 말할 것도 없지요. 혹시 고장이 나거나 수명이 다한 인공위성이 우리 머리 위로 떨어질 수도 있을까요?

먼저 인공위성의 원리를 살펴봅시다. 어떤 물체가 지구 둘레 궤도를 돌려면, 시선 속도(이때 시선은 지구와 인공위성의 중심을 잇는 수직선), 또는 분사 속도라고 일컫는 것이 충분히 빨라야 합니다. 인공위성의 속도에 따라 궤도가 원형인지 타원형인지 결정됩니다. 인공위성의 속도가 특정 수준을 넘어서면 인공위성은 지구 중력에서 벗어나 텅 빈 별 사이 공간으로 멀어집니다.

85) 참여 과학자 모임 UCS에 따르면, 이 중 작동하는 인공위성은 2019년 4월 1일 기준 2,063개뿐이다.

인공위성 속도가 줄어들면 자유낙하를 조심해야

반대로 속도가 충분히 빠르지 않으면 인공위성은 지구에 가까워지며 대기권을 뚫고 들어와 지표면에 부딪힙니다. 따라서 지구 둘레를 도는 수많은 기계들은 엔진을 장착하고 있습니다. 속도가 느려져서 인공위성이 중력에 이끌려 천천히 아래로 내려오게 되면, 엔진이 가동해 다시 궤도를 돌기에 적합한 속도로 회복합니다. 그렇지만 동력이 무한하지는 않습니다! 연료가 부족하면 추락할 수 있어요. 수명을 다한 인공위성을 실어 나르는 쓰레기 궤도('쓰레기통 궤도'나 '공동묘지'라고도 부르며, 지구 위 230킬로미터에 있음)에 걸리지 않는 이상 말입니다.

1991년 나사가 궤도에 올렸던 초고층 대기 관측 위성(UARS) 엔진이 2005년 꺼졌을 때 이렇게 추락하는 일이 생겼습니다. 이 인공위성은 2011년 자유낙하를 하며 떨어졌고, 나사는 통제할 길이 없었습니다. 무게 5,668킬로그램인 거대한 기계는 대기권을 통과하면서 공기와 마찰했고, 전부 타버릴 만한 정도는 아니었던지라 수많은 조각으로 산산조각 났습니다.

이에 나사는 이 인공위성이 26개의 위험 물체로 분해되었으며, 물체들이 추락해 희생자가 생길 위험한 확률은 1/3,200이라고 추측했습니다.[86] 다행히 UARS의 잔해는 태평양 북부에 가라앉았습니다.

대부분 대기권을 통과하며 해체돼

2015년 4월, 국제 우주 정거장에 식량을 공급하던 러시아의 화물 우주선 프로그레스(Progress)가 지구의 걱정거리가 되고 말았습니다. 그렇지만 우주에 있는 이런 기계들은 거의 대기권에서 분해되거나, 지표면의 대부분을 차지하는 바다에 떨어진다고 알려져 있습니다.

우리 일상에서 통신(인터넷, 스마트폰 등)을 포함해 기차, 비행기, 배를 타고 여행할 수 있게 해 주고, 날씨나 위성 채널을 볼 수 있게 해 주는 인공위성이 고장나는 일은 없어야겠지요!

플로랑스 앵뷔제

---

86) www.nasa.gov/pdf/585584main_UARS_Status.pdf

88

별의 개수를 셀 수 있다고?

하늘로 고개를 들어 보면 수천 개의 별이 보입니다.
그런데 수천 개, 고작 그 정도일까요?

별을 세 보겠다고 작정하기에 앞서, 먼저 우리가 들었던 과학 수업을 다시 떠올려 봐야 합니다. 우리는 매일 보는 별을 알고 있습니다. 바로 태양입니다. 즉, 우리에게 따뜻한 열을 보내 주는 이 별 주변으로 태양계의 천체 시스템이 구성되어 있습니다. 그렇지만 은하계라는 차원에서 본다면, 우리가 있는 태양계는 그저 해변에서 찾을 수 있는 조그만 모래알에 불과해요.

그러니 별의 개수를 세는 일이 얼마나 어마어마한 것인지 이해하려면, 구름이 없는 날 밤에 고개를 들어 하늘을 바라보며 별들을 수첩에 표시해 보세요. 이른 아침까지 머리가 아프도록 세더라도, 전부 다 세려면 한참 멀었습니다. 은하수는 별이 내뿜는 찬란한 빛으로 빛나고 있으니까요. 이제 태양계 바깥으로 한 차원 나아갔으니, 다시 한 발짝 더 나아가 봅시다. 우리가 은하수라고 부르는 건 '겨우' 우리 은하만 가리킬 뿐이거든요! 우리 은하 너머에는 우주가 자리 잡고 있으니까요. 이제 정말 정신이 혼미해집니다. 우주에는 은하가 수천 개가 아니라, 수천억 개는 거뜬히 들어 있습니다.

은하에서 우주로

태양계, 은하수, 은하, 우주. 아직도 별을 셀 생각인가요? 천문학자들조차 우주에 별이 얼마나 많이 있는지 모른다는 사실을 명심해야 합니다. 하물며 우리 은하 안에 몇 개나 있는지도요. 은하 안에 있는 별의 수는 2천억 개 남짓이라고들 합니다.

이 수치는 오차 폭이 1퍼센트로 아주 작으며, 해변에 모래알 2천억 개가 있다는 뜻이나 마찬가지입니다. 우주에 있는 별의 개수는 70만 조라고 하는데, 10억에 10억을 곱하고도 다시 70만을 곱한 겁니다. 세상에……. 이렇게 된 이상 '고개를 들어 별을 보라'는 표현은 전처럼 쓰지 못할 겁니다! 또 한층 강력해진 기술과 망원경 덕분에 새로운 은하도 계속 발견해 나가고 있어요. '심우주 탐사'라는 별명을 붙인 채 진행하고 있지요. 그러니 새로운 은하에서 찾아낼 별의 개수도 늘어납니다.

별똥별은 어떨까?

그렇다면 연습 삼아 별똥별을 세는 것부터 해볼 수 있을까요? 하지만 별똥별은 별이 아닙니다. 별똥별이 진짜 별처럼 빛을 내는 바람에, 또 이름 때문에 깜박 속아 넘어가곤 하지만, 사실 별똥별이 내뿜는 빛은 우주를 떠다니던 먼지가 지구 대기권을 최대 시속 25만 킬로미터로 통과하면서 뜨겁게 달궈지며 생겨납니다. 먼지란 운석일 수도 있고, 혜성에서 떨어져 나온 작은 조각일 수도 있습니다. 혜성이 지나가고 나면 그 뒤에 먼지 더미, 보다 정확히 말하자면 운석 무리가 남습니다. 혜성의 자취를 지구가 통과할 때면 '유성우'가 생기는 겁니다. 유성우는 1년에 두 번 보이는데요. 페르세우스좌 유성군을 통과할 때, 12월 말 쌍둥이좌 유성군을 통과할 때입니다.

알렉상드르 마사

감사의 말

큐리오Curieux!를 믿고 지지해 주신
누벨아키텐Nouvelle-Aquitaine 지역 의회와 구성원 모두에게
열렬한 감사를 보냅니다.
저희와 함께 올바른 지식을 알리는 큐리오Curieux! 팀에도
감사 인사를 보냅니다.

큐리오Curieux!는 2018년 프랑스 남서부 지역 과학 센터 네 곳Cap Sciences Bordeaux, Espace Mendès France Poitiers, Lacq Odyssée Monrenx, Récreasciences Limoges에서 시작된 언론 매체입니다. 기사, 만화, 인포그래픽, 르포, 영상, 책 등 다양한 방법을 활용해 대중적인 진실과 거짓을 과학적으로 밝히고, 고정관념을 뒤흔들며, 미래를 상상합니다.

www.curieux.live에서 우리를 만나 보세요!